石油企业岗位练兵手册

线 务 员

大庆油田有限责任公司　编

石油工业出版社

内 容 提 要

本书采用问答形式，对线务员岗位的相关问题和知识进行了介绍与解答，主要内容分为基本素养、基础知识、基本技能三部分。基本素养包括企业文化和职业道德等内容，基础知识包括与线务员岗位密切相关的专业知识和 HSE 知识等内容，基本技能包括操作技能、常见故障判断处理和故障经验分享等内容。本书适合线务员阅读使用。

图书在版编目（CIP）数据

线务员 / 大庆油田有限责任公司编 . —北京：石油工业出版社，2023.9
（石油企业岗位练兵手册）
ISBN 978-7-5183-6306-3

Ⅰ . ①线… Ⅱ . ①大… Ⅲ . ①通信线路 - 技术手册 Ⅳ . ① TN913.3-62

中国国家版本馆 CIP 数据核字（2023）第 169718 号

出版发行：石油工业出版社
　　　　　（北京市朝阳区安华里 2 区 1 号楼　　100011）
　　　　　网　　址：www.petropub.com
　　　　　编辑部：（010）64251682
　　　　　图书营销中心：（010）64523633
经　　销：全国新华书店
印　　刷：北京中石油彩色印刷有限责任公司

2023 年 9 月第 1 版　　2023 年 9 月第 1 次印刷
880×1230 毫米　开本：1/32　印张：3.75
字数：92 千字
定价：48.00 元
（如出现印装质量问题，我社图书营销中心负责调换）

前言

　　岗位练兵是大庆油田的优良传统，是强化基本功训练、提升员工素质的重要手段。新时期、新形势下，按照全面加强"三基"工作的有关要求，为进一步强化和规范经常性岗位练兵活动，切实提高基层员工队伍的基本素质，按照"实际、实用、实效"的原则，大庆油田有限责任公司人事部组织编写、修订了基层员工《石油企业岗位练兵手册》丛书。围绕提升政治素养和业务技能的要求，本套丛书架构分为基本素养、基础知识、基本技能三部分，基本素养包括企业文化（大庆精神铁人精神、优良传统）、发展纲要和职业道德等内容；基础知识包括与工种岗位密切相关的专业知识和HSE知识等内容；基本技能包括操作技能和常见故障判断处理等内容。本套丛书的编写，严格依据最新行业规范和技术标准，同时充分结合目前专业知识更新、生产设备调整、操作工艺优化等实际情况，具有突出的实用性和规范性的特点，既能作为基层开展岗位练兵、提高业务技能的实用教材，也可以作为员工岗位自学、单位开展技能竞赛的参考资料。

　　希望各单位积极应用，充分发挥本套丛书的基础性作用，持续、深入地抓好基层全员培训工作，不断提升员工队伍整体素质，为实现公司科学发展提供人力资源保障。同时，希望各单位结合本套丛书的应用实践，对丛书的修改完善提出宝贵意见，以便更好地规范和丰富丛书内容，为基层扎实有效地开展岗位练兵活动提供有力支撑。

　　　　　　　　　　　　大庆油田有限责任公司人事部

　　　　　　　　　　　　2023 年 4 月 28 日

目录

第一部分　基本素养

三、职业道德 ·· 013

第二部分　基础知识

第三部分 基本技能

第一部分
基本素养

 企业文化

（一）名词解释

1.**石油精神**：石油精神以大庆精神铁人精神为主体，是对石油战线企业精神及优良传统的高度概括和凝练升华，是我国石油队伍精神风貌的集中体现，是历代石油人对人类精神文明的杰出贡献，是石油石化企业的政治优势和文化软实力。其核心是"苦干实干""三老四严"。

2.**大庆精神**：为国争光、为民族争气的爱国主义精神；独立自主、自力更生的艰苦创业精神；讲究科学、"三老四严"的求实精神；胸怀全局、为国分忧的奉献精神，凝练为"爱国、创业、求实、奉献"8个字。

3.**铁人精神**："为国分忧、为民族争气"的爱国主义精神；"宁肯少活二十年，拼命也要拿下大油田"的忘我拼搏精神；"有条件要上，没有条件创造条件也要上"的艰苦奋斗精神；"干工作要经得起子孙万代检查""为革命练一身硬功夫、真本事"的科学求实精神;"甘愿为党和人民当一辈子老黄牛"、埋头苦干的无私奉献精神。

4. 三超精神:超越权威,超越前人,超越自我。

5. 艰苦创业的六个传家宝:人拉肩扛精神,干打垒精神,五把铁锹闹革命精神,缝补厂精神,回收队精神,修旧利废精神。

6. 三要十不:"三要":一要甩掉石油工业的落后帽子;二要高速度、高水平拿下大油田;三要在会战中夺冠军,争取集体荣誉。"十不":第一,不讲条件,就是说有条件要上,没有条件创造条件上;第二,不讲时间,特别是工作紧张时,大家都不分白天黑夜地干;第三,不讲报酬,干啥都是为了革命,为了石油,而不光是为了个人的物质报酬而劳动;第四,不分级别,有工作大家一起干;第五,不讲职务高低,不管是局长、队长,都一起来;第六,不分你我,互相支援;第七,不分南北东西,就是不分玉门来的、四川来的、新疆来的,为了大会战,一个目标,大家一起上;第八,不管有无命令,只要是该干的活就抢着干;第九,不分部门,大家同心协力;第十,不分男女老少,能干什么就干什么、什么需要就干什么。这"三要十不",激励了几万职工团结战斗、同心协力、艰苦创业,一心为会战的思想和行动,没有高度觉悟是做不到的。

7. 三老四严:对待革命事业,要当老实人,说老实话,办老实事;对待工作,要有严格的要求,严密的组织,严肃的态度,严明的纪律。

8. 四个一样:对待革命工作要做到,黑天和白天一个样,坏天气和好天气一个样,领导不在场和领导在场一个样，没有人检查和有人检查一个样。

9. 思想政治工作"两手抓"：抓生产从思想入手，抓思想从生产出发。这是大庆人正确处理思想政治工作与经济工作关系的基本原则，也是大庆人思想政治工作的一条基本经验。

10. 岗位责任制管理：大庆油田岗位责任制，是大庆石油会战时期从实践中总结出来的一整套行之有效的基础管理方法，也是大庆油田特色管理的核心内容。其实质就是把全部生产任务和管理工作落实到各个岗位上，给企业每个岗位人员都规定出具体的任务、责任，做到事事有人管，人人有专责，办事有标准，工作有检查。它包括工人岗位责任制、基层干部岗位责任制、领导干部和机关干部岗位责任制。工人岗位责任制一般包括岗位专责制、交接班制、巡回检查制、设备维修保养制、质量负责制、岗位练兵制、安全生产制、班组经济核算制等 8 项制度；基层干部岗位责任制包括岗位专责制、工作检查制、生产分析制、经济活动分析制、顶岗劳动制、学习制度等 6 项制度；领导干部和机关干部岗位责任制包括岗位专责制、现场办公制、参加劳动制、向工人学习日制、工作总结制、学习制度等 6 项制度。

11. 三基工作：以党支部建设为核心的基层建设，以岗位责任制为中心的基础工作，以岗位练兵为主要内容的基本功训练。

12. 四懂三会：这是在大庆石油会战时期提出的对各行各业技术工人必备的基本知识、基本技能的基本要求，也是"应知应会"的基本内容。四懂即懂设备结构、懂设备原理、懂设备性能、懂工艺流程。三会即会操作、会维修保养、会排除故障。

13. **五条要求**：人人出手过得硬，事事做到规格化，项项工程质量全优，台台在用设备完好，处处注意勤俭节约。

14. **会战时期"五面红旗"**：王进喜、马德仁、段兴枝、薛国邦、朱洪昌。

15. **新时期铁人**：王启民。

16. **大庆新铁人**：李新民。

17. **新时代履行岗位责任、弘扬严实作风"四条要求"**：要人人体现严和实，事事体现严和实，时时体现严和实，处处体现严和实。

18. **新时代履行岗位责任、弘扬严实作风"五项措施"**：开展一场学习，组织一次查摆，剖析一批案例，建立一项制度，完善一项机制。

（二）问答

1. 简述大庆油田名称的由来。

1959 年 9 月 26 日，新中国成立十周年大庆前夕，位于黑龙江省原肇州县大同镇附近的松基三井喷出了具有工业价值的油流，为了纪念这个大喜大庆的日子，当时黑龙江省委第一书记欧阳钦同志建议将该油田定名为大庆油田。

2. 中共中央何时批准大庆石油会战？

1960 年 2 月 13 日，石油工业部以党组的名义向中共中央、国务院提出了《关于东北松辽地区石油勘探情况和今后部署问题的报告》。1960 年 2 月 20 日中共中央正式批准大庆石油会战。

3. 什么是"两论"起家？

1960 年 4 月 10 日，大庆石油会战一开始，会战领导小组就以石油工业部机关党委的名义作出了《关于学习毛泽东同志所著〈实践论〉和〈矛盾论〉的决定》，号召广大会战职工学习毛泽东同志的《实践论》《矛盾论》和毛泽东同志的其他著作，以马列主义、毛泽东思想指导石油大会战，用辩证唯物主义的立场、观点、方法，认识油田规律，分析和解决会战中遇到的各种问题。广大职工说，我们的会战是靠"两论"起家的。

4. 什么是"两分法"前进？

即在任何时候，对任何事情，都要用"两分法"，形势好的时候要看到不足，保持清醒的头脑，增强忧患意识，形势严峻的时候更要一分为二，看到希望，增强发展的信心。

5. 简述会战时期"五面红旗"及其具体事迹。

"五面红旗"喻指大庆石油会战初期涌现的五位先进榜样：王进喜、马德仁、段兴枝、薛国邦、朱洪昌。钻井队长王进喜带领队伍人拉肩扛抬钻机，端水打井保开钻，在发生井喷的危急时刻，奋不顾身跳下泥浆池，用身体搅拌泥浆制服井喷。钻井队长马德仁在泥浆泵上水管线冻结时，不畏严寒，破冰下泥浆池，疏通上水管线。钻井队长段兴枝在吊车和拖拉机不足的情况下，利用钻机本身的动力设施，解决了钻机搬家的困难。大庆油田第一个采油队队长薛国邦自制绞车，给第一批油井清蜡，又手持蒸汽管下到油池里化开凝结的原油，保证了大庆油田首次原油外运列车顺利启程。工程队队长朱洪昌在供水管线漏水时，用手捂着漏点，忍着灼烧的疼痛，让焊工焊接裂缝，保证了供水工程提前竣工。

6. 大庆油田投产的第一口油井和试注成功的第一口水井各是什么？

1960 年 5 月 16 日，大庆油田第一口油井中 7-11 井投产；1960 年 10 月 18 日，大庆油田第一口注水井 7 排 11 井试注成功。

7. 大庆石油会战时期讲的"三股气"是指什么？

对一个国家来讲，就要有民气；对一个队伍来讲，就要有士气；对一个人来讲，就要有志气。三股气结合起来，就会形成强大的力量。

8. 什么是"九热一冷"工作法？

大庆石油会战中创造的一种领导工作方法。是指在 1 旬中，有 9 天"热"，1 天"冷"。每逢十日，领导干部再忙，也要坐在一起开务虚会，学习上级指示，分析形势，总结经验，从而把感性认识提高到理性认识上来，使领导作风和领导水平得到不断改进和提高。

9. 什么是"三一""四到""五报"交接班法？

对重要的生产部位要一点一点地交接、对主要的生产数据要一个一个地交接、对主要的生产工具要一件一件地交接。交接班时应该看到的要看到、应该听到的要听到、应该摸到的要摸到、应该闻到的要闻到。交接班时报检查部位、报部件名称、报生产状况、报存在的问题、报采取的措施，开好交接班会议，会议记录必须规范完整。

10. 大庆油田原油年产 5000 万吨以上持续稳产的时间是哪年？

1976 年至 2002 年，大庆油田实现原油年产 5000 万吨以上连续 27 年高产稳产，创造了世界同类油田开发史上的奇迹。

11. 大庆油田原油年产 4000 万吨以上持续稳产的时间是哪年？

2003 年至 2014 年，大庆油田实现原油年产 4000 万吨以上连续 12 年持续稳产，继续书写了"我为祖国献石油"新篇章。

12. 中国石油天然气集团有限公司企业精神是什么？

石油精神和大庆精神铁人精神。

13. 中国石油天然气集团有限公司的主营业务是什么？

中国石油天然气集团有限公司是国有重要骨干企业和全球主要的油气生产商和供应商之一，是集国内外油气勘探开发和新能源、炼化销售和新材料、支持和服务、资本和金融等业务于一体的综合性国际能源公司，在全球 32 个国家和地区开展油气投资业务。

14. 中国石油天然气集团有限公司的企业愿景和价值追求分别是什么？

企业愿景：建设基业长青世界一流综合性国际能源公司；

企业价值追求：绿色发展、奉献能源，为客户成长增动力、为人民幸福赋新能。

15. 中国石油天然气集团有限公司的人才发展理念是什么？

生才有道、聚才有力、理才有方、用才有效。

16. 中国石油天然气集团有限公司的质量安全环保理念是什么？

以人为本、质量至上、安全第一、环保优先。

17. 中国石油天然气集团有限公司的依法合规理念是什么？

法律至上、合规为先、诚实守信、依法维权。

 发展纲要

（一）名词解释

1. **三个构建**：一是构建与时俱进的开放系统；二是构建产业成长的生态系统；三是构建崇尚奋斗的内生系统。

2. **一个加快**：加快推动新时代大庆能源革命。

3. **抓好"三件大事"**：抓好高质量原油稳产这个发展全局之要；抓好弘扬严实作风这个标准价值之基；抓好发展接续力量这个事关长远之计。

4. **谱写"四个新篇"**：奋力谱写"发展新篇"；奋力谱写"改革新篇"；奋力谱写"科技新篇"；奋力谱写"党建新篇"。

5. **统筹"五大业务"**：大力发展油气业务；协同发展服务业务；加快发展新能源业务；积极发展"走出去"业务；特色发展新产业新业态。

6. **"十四五"发展目标**：实现"五个开新局"，即稳油增气开新局；绿色发展开新局；效益提升开新局；幸福生活开新局；企业党建开新局。

7. **高质量发展重要保障**：思想理论保障；人才支持保障；基础环境保障；队伍建设保障；企地协作保障。

（二）问答

1. 习近平总书记致大庆油田发现 60 周年贺信的内容是什么？

值此大庆油田发现 60 周年之际，我代表党中央，向大庆油田广大干部职工、离退休老同志及家属表示热烈的祝贺，并致以诚挚的慰问！

60 年前，党中央作出石油勘探战略东移的重大决策，广大石油、地质工作者历尽艰辛发现大庆油田，翻开了中国石油开发史上具有历史转折意义的一页。60 年来，几代大庆人艰苦创业、接力奋斗，在亘古荒原上建成我国最大的石油生产基地。大庆油田的卓越贡献已经镌刻在伟大祖国的历史丰碑上，大庆精神、铁人精神已经成为中华民族伟大精神的重要组成部分。

站在新的历史起点上，希望大庆油田全体干部职工不忘初心、牢记使命，大力弘扬大庆精神、铁人精神，不断改革创新，推动高质量发展，肩负起当好标杆旗帜、建设百年油田的重大责任，为实现"两个一百年"奋斗目标、实现中华民族伟大复兴的中国梦作出新的更大的贡献！

2. 当好标杆旗帜、建设百年油田的含义是什么？

当好标杆旗帜——树立了前行标尺，是我们一切工作的根本遵循。大庆油田要当好能源安全保障的标杆、国企深化改革的标杆、科技自立自强的标杆、赓续精神血脉的标杆。

建设百年油田——指明了前行方向，是我们未来发展的奋斗目标。百年油田，首先是时间的概念，追求能源主业的升级发展，建设一个基业长青的百年油田；百年油田，也是空间的拓展，追求发展舞台的开辟延伸，建设一个走向世界的百年油田；百年油田，更是精神的赓续，追求红色基因的传承弘扬，建设一个旗帜高扬的百年油田。

3. 大庆油田 60 多年的开发建设取得的辉煌历史有哪些？

大庆油田 60 多年的开发建设，为振兴发展奠定了坚实基础。建成了我国最大的石油生产基地；孕育形成了大庆精神铁人精神；创造了世界领先的陆相油田开发技术；打造了过硬的"铁人式"职工队伍；促进了区域经济社会的繁荣发展。

4. 开启建设百年油田新征程两个阶段的总体规划是什么？

第一阶段，从现在起到 2035 年，实现转型升级、高质量发展；第二阶段，从 2035 年到本世纪中叶，实现基业长青、百年发展。

5. 大庆油田"十四五"发展总体思路是什么？

坚持以习近平新时代中国特色社会主义思想为指导，深入贯彻落实党的二十大精神，牢记践行习近平总书记重要讲话重要指示批示精神特别是"9·26"贺信精神，完整、准确、全面贯彻新发展理念，服务和融入新发展格局，立足增强能源供应链稳定性和安全性，贯彻落实国家"十四五"现代能源体系规划，认真落实中国石油天然气集团有限公司党组和黑龙江省委省政府部署要求，全面加强党的领导党的建设，坚持稳中求进工作总基调，突出高质量发展主题，遵循"四个坚持"兴企方略和"四化"治企准则，推进实施以抓好"三件大事"为总纲、以谱写"四个新篇"为实践、以统筹"五大业务"为发展支撑的总体战略布局，全面提升企业的创新力、竞争力和可持续发展能力，当好标杆旗帜、建设百年油田，开创油田高质量发展新局面。

6. 大庆油田"十四五"发展基本原则是什么？

坚持"九个牢牢把握"，即牢牢把握"当好标杆旗帜"这个根本遵循；牢牢把握"市场化道路"这个基本方向；牢牢把握"低成本发展"这个核心能力；牢牢把握"绿色低碳转型"这个发展趋势；牢牢把握"科技自立自强"这个战略支撑；牢牢把握"人才强企工程"这个重大举措；牢牢把握"依法合规治企"这个内在要求；牢牢把握"加强作风建设"这个立身之本；牢牢把握"全面从严治党"这个政治引领。

7. 中国共产党第二十次全国代表大会会议主题是什么？

高举中国特色社会主义伟大旗帜，全面贯彻新时代中国特色社会主义思想，弘扬伟大建党精神，自信自强、守正创新，踔厉奋发、勇毅前行，为全面建设社会主义现代化国家、全面推进中华民族伟大复兴而团结奋斗。

8. 在中国共产党第二十次全国代表大会上的报告中，中国共产党的中心任务是什么？

从现在起，中国共产党的中心任务就是团结带领全国各族人民全面建成社会主义现代化强国、实现第二个百年奋斗目标，以中国式现代化全面推进中华民族伟大复兴。

9. 在中国共产党第二十次全国代表大会上的报告中，中国式现代化的含义是什么？

中国式现代化，是中国共产党领导的社会主义现代化，既有各国现代化的共同特征，更有基于自己国情的中国特色。中国式现代化是人口规模巨大的现代化；中国式现代化是全体人民共同富裕的现代化；中国式现代化是物质文明和精神文明相协调的现代化；中国式现代化是人与自然和谐共生的现代化；中国式现代化是走和平发展道路的现代化。

10. 在中国共产党第二十次全国代表大会上的报告中，两步走是什么？

全面建成社会主义现代化强国，总的战略安排是分两步走：从二〇二〇年到二〇三五年基本实现社会主义现代化；从二〇三五年到本世纪中叶把我国建成富强民主文明和谐美丽的社会主义现代化强国。

11. 在中国共产党第二十次全国代表大会上的报告中，"三个务必"是什么？

全党同志务必不忘初心、牢记使命，务必谦虚谨慎、艰苦奋斗，务必敢于斗争、善于斗争，坚定历史自信，增强历史主动，谱写新时代中国特色社会主义更加绚丽的华章。

12. 在中国共产党第二十次全国代表大会上的报告中，牢牢把握的"五个重大原则"是什么？

坚持和加强党的全面领导；坚持中国特色社会主义道路；坚持以人民为中心的发展思想；坚持深化改革开放；坚持发扬斗争精神。

13. 在中国共产党第二十次全国代表大会上的报告中，十年来，对党和人民事业具有重大现实意义和深远意义的三件大事是什么？

一是迎来中国共产党成立一百周年，二是中国特色社会主义进入新时代，三是完成脱贫攻坚、全面建成小康社会的历史任务，实现第一个百年奋斗目标。

14. 在中国共产党第二十次全国代表大会上的报告中，坚持"五个必由之路"的内容是什么？

全党必须牢记，坚持党的全面领导是坚持和发展中国特色社会主义的必由之路，中国特色社会主义是实现中华民族伟大复兴的必由之路，团结奋斗是中国人民创造历史伟业的必由之路，贯彻新发展理念是新时代我国发展壮大的必由之路，全面从严治党是党永葆生机活力、走好新的赶考之路的必由之路。

 ## 职业道德

（一）名词解释

1. **道德**：是调节个人与自我、他人、社会和自然界之间关系的行为规范的总和。

2. **职业道德**：是同人们的职业活动紧密联系的、符合职业特点所要求的道德准则、道德情操与道德品质的总和。

3. **爱岗敬业**：爱岗就是热爱自己的工作岗位，热爱自己从事的职业；敬业就是以恭敬、严肃、负责的态度对待工作，一丝不苟，兢兢业业，专心致志。

4. **诚实守信**：诚实就是真心诚意，实事求是，不虚假，不欺诈；守信就是遵守承诺，讲究信用，注重质量和信誉。

5. **劳动纪律**：是用人单位为形成和维持生产经营秩序，保证劳动合同得以履行，要求全体员工在集体劳动、工作、生活过程中，以及与劳动、工作紧密相关的其他过程中必须共同遵守的规则。

6. **团结互助**：指在人与人之间的关系中，为了实现共同的利益和目标，互相帮助，互相支持，团结协作，共同发展。

（二）问答

1. 社会主义精神文明建设的根本任务是什么？

适应社会主义现代化建设的需要，培育有理想、有道德、有文化、有纪律的社会主义公民，提高整个中华民族的思想道德素质和科学文化素质。

2. 我国社会主义道德建设的基本要求是什么？

爱祖国、爱人民、爱劳动、爱科学、爱社会主义。

3. 为什么要遵守职业道德？

职业道德是社会道德体系的重要组成部分，它一方面具有社会道德的一般作用，另一方面它又具有自身的特殊作用，具体表现在：（1）调节职业交往中从业人员内部以及从业人员与服务对象间的关系。（2）有助于维护和提高本行业的信誉。（3）促进本行业的发展。（4）有助于提高全社会的道德水平。

4. 爱岗敬业的基本要求是什么？

（1）要乐业。乐业就是从内心里热爱并热心于自己所从事的职业和岗位，把干好工作当作最快乐的事，做到其乐融融。（2）要勤业。勤业是指忠于职守，认真负责，刻苦勤奋，不懈努力。（3）要精业。精业是指对本职工作业务纯熟，精益求精，力求使自己的技能不断提高，使自己的工作成果尽善尽美，不断地有所进步、有所发明、有所创造。

5. 诚实守信的基本要求是什么？

（1）要诚信无欺。（2）要讲究质量。（3）要信守合同。

6. 职业纪律的重要性是什么？

职业纪律影响企业的形象，关系企业的成败。遵守职业纪律是企业选择员工的重要标准，关系到员工个人事业成功与发展。

7. 合作的重要性是什么？

合作是企业生产经营顺利实施的内在要求，是从业人员汲取智慧和力量的重要手段，是打造优秀团队的有效途径。

8. 奉献的重要性是什么？

奉献是企业发展的保障，是从业人员履行职业责任的必由之路，有助于创造良好的工作环境，是从业人员实现职业理想的途径。

9. 奉献的基本要求是什么？

（1）尽职尽责。要明确岗位职责，培养职责情感，全力以赴工作。（2）尊重集体。以企业利益为重，正确对待个人利益，树立职业理想。（3）为人民服务。树立为人民服务的意识，培育为人民服务的荣誉感，提高为人民服务的本领。

10. 企业员工应具备的职业素养是什么？

诚实守信、爱岗敬业、团结互助、文明礼貌、办事公道、勤劳节俭、开拓创新。

11. 培养"四有"职工队伍的主要内容是什么？

有理想、有道德、有文化、有纪律。

12. 如何做到团结互助？

（1）具备强烈的归属感。（2）参与和分享。（3）平等尊重。（4）信任。（5）协同合作。（6）顾全大局。

13. 职业道德行为养成的途径和方法是什么？

（1）在日常生活中培养。从小事做起，严格遵守行为规范；从自我做起，自觉养成良好习惯。（2）在专业学习中训练。增强职业意识，遵守职业规范；重视技能训练，提高职业素养。（3）在社会实践中体验。参加社会实践，培养职业道德；学做结合，知行统一。（4）在自我修养中提高。体验生活，经常进行"内省"；学习榜样，努力做到"慎独"。（5）在职业活动中强化。将职业道德知识内化为信念；将职业道德信念外化为行为。

14. 员工违规行为处理工作应当坚持的原则是什么？

（1）依法依规、违规必究；（2）业务主导、分级负责；（3）实事求是、客观公正；（4）惩教结合、强化预防。

15. 对员工的奖励包括哪几种？

奖励种类包括通报表彰、记功、记大功、授予荣誉称号、成果性奖励等。在给予上述奖励时，可以是一定的物质奖励。物质奖励可以给予一次性现金奖励（奖金）或实物奖励，也可根据需要安排一定时间的带薪休假。

16. 员工违规行为处理的方式包括哪几种？

员工违规行为处理方式分为：警示诫勉、组织处理、处分、经济处罚、禁入限制。

17.《中国石油天然气集团公司反违章禁令》有哪些规定？

为进一步规范员工安全行为，防止和杜绝"三违"现象，保障员工生命安全和企业生产经营的顺利进行，特制定本禁令。

一、严禁特种作业无有效操作证人员上岗操作；

二、严禁违反操作规程操作；

三、严禁无票证从事危险作业；

四、严禁脱岗、睡岗和酒后上岗；

五、严禁违反规定运输民爆物品、放射源和危险化学品；

六、严禁违章指挥、强令他人违章作业。

员工违反上述禁令，给予行政处分；造成事故的，解除劳动合同。

第二部分
基础知识

 专业知识

（一）名词解释

1. **光纤**：光导纤维的简称，是一种传输光能的介质波导。

2. **光纤通信**：以光波为载频，以光纤为传输媒介的一种通信方式。

3. **光导体**：具有低损耗的导光材料。

4. **单模光纤**：在指定波长下只可能传播一种模式的光纤。

5. **多模光纤**：能传播多种模式的光纤。

6. **光纤软线**：一种具有柔软结构的光缆，适合于室内使用。

7. **光纤衰减**：由于吸收和散射等原因引起的光功率的损失。

8. **多路复用**：在一条光通道内传输多路信息（包括时分复用、波分复用）。

9. **光纤散射**：由于光纤的基本结构不完美，引起的光能量损失，此时光的传输不再具有很好的方向性。

10. **光模块**：由光电子器件、功能电路和光接口等组成。光电子器件包括发射和接收两部分。

11. **光功率**：光在单位时间内所做的功。光功率单位常用毫瓦（mW）和分贝毫瓦（dBm）表示，其中两者的关系为 1mW=0dBm，而小于 1mW 的分贝毫瓦为负值。

12. **尾纤**：只有一端有连接头，而另一端是一根光缆纤芯的断头，通过熔接与其他光缆纤芯相连，常出现在光纤终端盒内，用于连接光缆与光纤收发器（之间还用到耦合器、跳线等）。

13. **光纤配线架**：即 ODF（Optical Distribution Frame）配线架，用于光纤通信系统中局端主干光缆的成端和分配，可方便地实现光纤线路的连接、分配和调度。

14. **光纤连接器**：光纤与光纤之间进行可拆卸（活动）连接的器件，它把光纤的两个端面精密地对接起来，以使发射光纤输出的光能量能最大限度地耦合到接收光纤中去，并使由于其介入光链路而对系统造成的影响减到最小，这是光纤连接器的基本要求。

15. **光纤收发器**：一种将短距离的双绞线电信号和长距离的光信号进行互换的以太网传输媒体转换单元，在很多地方也被称为光电转换器（Fiber Converter）。产品一般应用在以太网电缆无法覆盖、必须使用光纤来延长传输距离的实际网络环境中，且通常定位于宽带城域网的接入层应用。

16. **光分路器**：又称分光器，是光纤链路中重要的无源器件之一，是具有多个输入端和多个输出端的光纤汇接器件。光分路器按分光原理可以分为熔融拉锥型和平面波导型

（PLC 型）两种。

17. **跳纤**：光纤两端都装上连接器插头，用来实现光路活动连接。

18. **光纤熔接机**：完成光纤固定连接的专用机具。

19. **有线电视信号源**：有线电视的信号的源头。

20. **光发射机**：将从复用设备送来的 HDB3 信码变换成 NRZ 码，接着将 NRZ 码编为适合在光缆线路上传输的码型，最后再进行电、光转换，将电信号转换成光信号并耦合进光纤的一种设备。

21. **室内室外光接收机**：单向接收光纤传输的电视信号，并把数字信号转换成普通电视能够播放的 RF 射频模拟电视信号的设备。

22. **光放大器**：电视信号从输入端"IN"输入，经均衡器和增益调整衰减电位器进入放大器模块进行放大，从"OUT"处输出送下一级或用户分支分配系统的器件。

23. **场强仪**：一种测量电视信号场强的仪器。场强是电场强度的简称，它是天线在空间某点处感应电信号的大小，以表示该点的电场强度。

24. **分配器**：用来分配射频信号的无源器件，它能将一路输入信号的电平平均地分成几路输出。

25. **分支器**：将干线或分支线的一部分能量馈送到用户终端盒的装置，由一个主输入端、一个主输出端以及若干个分支输出端构成，其中分支输出端只得到主路输入信号的一小部分，大部分信号仍沿主路输出，继续向后传输。

26. **衰减器**：对射频信号进行衰减，以保证在用户端可以接收到清晰、稳定的电视图像的设备。衰减器对系统传输的各频段信号衰减是相同的。

27. **分辨率**：分为显示分辨率和图像分辨率。显示分辨率主要针对显示器，指显示器所能显示的像素点有多少，一般情况下，像素点越多显示器越清晰；图像分辨率主要针对图片，指一幅图片所能够包含的像素点，包含的像素点越多越清晰，常用单位是 ppi。

28. **信噪比**：监控摄像头中信号电频与杂波电频之比，常用 DB 来表示。信噪比越高监控摄像头越好，图像信号越好，即图像越清晰。

29. **码流**：视频文件在单位时间内使用的数据流量，常用单位是 Mb/s，通常码流越大相应的画面质量就越好。

30. **帧率**：用来显示视频帧数的量度，常用单位是 FPS 和 Hz，帧数越高视频的流畅度也就越高。根据人的视觉暂留效应，一般帧率高于 24 FPS 会让人感觉是连贯的。

31. **锐度**：反映图像平面清晰度和图像边缘锐利程度的一个指标。锐度越高，对比度也更高，高锐度下画面很多细节会表现得效果更好，线条交接处的边缘更加锐利，整体画面更清晰。

32. **网络摄像机（IPC）**：全称 IP Camera，可以直接通过网络将图片、视频传输出去，另一端可以通过浏览器直接进行浏览。IPC 内置 A/D 转换器和嵌入式芯片，将模拟信号转换成数字信号，可以直接接入交换机。

33. **独立冗余磁盘阵列（RAID）**：简称磁盘阵列，通过 RAID 技术将图像数据分段，分别存储在不同的磁盘上，当某一块磁盘出现故障的时候仍然可以正常工作。

34. **数字硬盘录像机（DVR）**：简称硬盘录像机，是对模拟视频录像机系统的改进，可以进行图像语音的录制和存储，一台设备即可取代一套监控系统的功能。

35.**网络视频录像机（NVR）**：视频监控与网络化相结合，直接通过网络传输硬盘录像机、视频编码器等设备传输的码流，进行录制和存储。

36.**实时流传输协议（RTSP）**：TCP/IP 协议体系中一个应用层协议，定义了一对多的应用程序如何通过 IP 网络传送多媒体数据。HTTP 和 RTSP 相比，HTTP 请求由客户机发出，服务器做出响应；而 RTSP 协议，客户机和服务器都可以发出请求，即 RTSP 可以是双向的。

37.**同轴电缆**：专门设计用来传输视频信号，其频率损失、图像失真、图像衰减的幅度都比较小。SYV 电缆全称实心聚乙烯绝缘射频同轴电缆，SYV-75-5 中 S 代表射频，Y 代表聚乙烯绝缘，V 代表护套，75 代表特性阻抗，5 代表线径。

38.**控制线缆**：用于控制云台及电动可变镜头的多芯电缆，它一端连接于控制器或解码器的云台、电动镜头控制接线端，另一端则直接连接到云台、电动镜头的相应端子上。

39.**云台**：安装和固定摄像机的支撑设备，分为固定云台和电动云台两种。固定云台应用范围小；电动云台主要是由两台电动机来进行控制，通过控制器发送指令控制电动机进行扫描监视，也可以在工作人员操作之下手动选择监视区域。

40.**BNC 连接器**：用于同轴电缆的连接器，可以隔绝视频输入信号，使信号间的相互干扰减少，且信号带宽大，可获得更好的信号质量。

41.**POE 供电**：在依赖于现有的以太网 Cat.5 布线基础架构，不做任何改动的情况下为其他设备提供直流供电的技术。主要应用于高清网络数字监控系统和无线网桥。

42. **油气生产物联网系统（A11）**：是利用物联网技术，实现油气田井区、计量间、集输站、联合站、处理厂生产数据、设备状态信息在采油厂生产指挥中心及生产控制中心集中管理和控制的系统。该系统由数据采集与监控子系统、数据传输子系统、生产管理子系统三大部分组成。

43. **数据采集与监控子系统**：采用数字仪表和控制技术构建的，可对油气田地面生产各环节进行生产运行参数自动采集、生产环境自动监测、物联网设备状态自动监测和生产过程远程控制的系统。数据采集装置是指油水井和站库前端数据采集设备的运行维护，主要包括各类压力、温度、载荷位移、流量、电参、无线通信模块、RTU、PLC 等数据采集，处置仪表，配套箱体，连接线缆等。

44. **可编程控制器（PLC）**：采用可编程存储器存储和执行逻辑运算、顺序控制、定时、计数和算术运算等操作指令，并通过数字或模拟输入、输出操作来控制各种机械或生产过程的一种电子系统，一般用于中型站场。

45. **压力变送器**：一种将压力转换成启动信号或电动信号进行控制和远传的设备。它能将测压元件传感器感受到的气体、液体等物理压力参数转变成标准的电信号（如 4 ~ 20mADC 等），以供给指示报警仪、记录仪、调节器等二次仪表进行测量、指示和过程调节。

46. **温度变送器**：将温度变量转换为可传送的标准化输出信号的仪表，主要用于工业过程中温度参数的测量和控制。

47. **载荷位移传感器**：集载荷、垂直加速度位移测量功能于一体，定时（可设置）采集功图，兼顾抽油机启井报警、停井报警实时监测功能，满足功图量油密点、密时数据采集需求。

48.流量计：指示被测流量和（或）在选定的时间间隔内流体总量的仪表。简单来说就是用于测量管道或明渠中流体流量的一种仪表。

49.上位机监控系统：负责与生产现场的自动化采集设备进行通信，将前端设备采集的井、间、站生产运行数据进行实时存储，并实现对前端生产设备的实时监控与管理功能。上位机监控系统采用组态软件开发，面向作业区、工区现场人员应用，实现生产监控、生产报警、无线网络设备在线状态检测、数据汇总分析、计量间监控、问题井事件描述等功能，监控油田生产信息，便于生产指挥。

50.生产管理子系统：基于物联网数据管控服务开发的应用系统，面向厂、作业区两级管理人员应用，提供生产过程监测、生产分析、报表管理、物联设备管理、视频监视、数据管理、系统管理及个性化首页定制共8项功能，对油水井和计量间站库实时数据进行监测管理，详细展示油水井相关参数、报警信息及物联设备运行状态。

51.厂数据中心：部署作业区级服务器和工控机，实现采集与监控子系统的实时数据库、关系数据库和组态服务器的部署，并将数据向生产管理子系统进行统一接入。

52.北斗卫星导航系统（BDS）：中国自行研制的全球卫星定位与通信系统，是继美国全球定位系统（GPS）和俄罗斯卫星导航系统（GLONASS）之后第三个成熟的卫星导航系统。系统由空间端、地面端和用户端组成，可在全球范围内全天候、全天时为各类用户提供高精度、高可靠的定位、导航、授时服务，并具短报文通信能力，已经初步具备区域导航、定位和授时能力。

53. **4G 定位终端**：在 4G 频段下，可实现对车、船等移动目标的定位跟踪、监控调度、轨迹分析、报警处理、防盗防劫、信息发布、运营管理、统计分析等功能于一体的车载定位器，能满足各行业对于移动目标的监控定位管理需求。

54. **驾驶疲劳检测系统（DSM）**：检测驾驶员在行车过程中的状态。包括疲劳检测、分心检测、表情识别、手势识别、危险动作识别、视线追踪等。

55. **高级驾驶辅助系统（ADAS）**：利用安装在车上的各式各样传感器（毫米波雷达、激光雷达、单双目摄像头以及卫星导航），在汽车行驶过程中随时感应周围的环境，收集数据，进行静态、动态物体的辨识、侦测与追踪，并结合导航地图数据，进行系统的运算与分析，从而预先让驾驶者察觉到可能发生的危险，有效增加汽车驾驶的舒适性和安全性。近年来 ADAS 市场增长迅速，原来这类系统局限于高端市场，而现在正在进入中端市场，与此同时，许多低技术应用在入门级乘用车领域更加常见，经过改进的新型传感器技术也在为系统部署创造新的机会与策略。

56. **用户识别卡（SIM 卡）**：是 GSM 系统的移动用户所持有的 IC 卡，GSM 系统通过 SIM 卡来识别 GSM 用户。同一张 SIM 卡可在不同的终端使用。GSM 终端只有插入 SIM 卡后，才能入网使用。SIM 卡是 GSM 终端连接到 GSM 网络的钥匙，一旦 SIM 卡从终端拔出，终端将无法享受网络运营者提供的各种服务。

57. **地基增强系统（GBAS）**：由地面站、监控设备和机载设备组成。GBAS 通过差分定位提高卫星导航精度的基础上，增加了一系列完好性监视算法，提高系统完好性、可用性、连续性的指标，使机场覆盖空域范围内配置相应机载设备的飞机获得到达 I 类精密进近（CAT-I）甚至更高标准的精密进近、着陆引导服务。

（二）问答

1. 目前光纤通信使用的波长有哪些？

短波段 0.85μm 和长波段 1.31μm、1.55μm。

2. 光纤通信的优点和缺点有哪些？

优点：（1）传输频带宽，通信容量大。（2）传输损耗低。（3）不受电磁干扰。（4）线径细、重量轻。（5）资源丰富。（6）挠性好。（7）安全保密性高。

缺点：（1）光纤性质脆。（2）连接和切断光纤时，需要高精度的切断连接技术。（3）耦合不方便。（4）无法传输电能。（5）弯曲半径小。

3. 光纤通信系统的基本组成有哪些？

目前使用的光纤通信系统是由电端机、光端机和传输线路组成。

4. 光纤按工作波长可分为哪几类？

紫外光纤、可观光纤、近红外光纤、红外光纤。

5. 光纤按折射率分布可分为哪几类？

阶跃（SI）型光纤、近阶跃型光纤、渐变（GI）型光纤、其他。

6. 光纤按原材料可分为哪几类？

石英光纤、多成分玻璃光纤、塑料光纤、复合材料光纤、红外材料等。

7. 光缆按网络层次分为哪几种？

可分为长途光缆、中继光缆、市内光缆和接入网光缆。

8. 层绞式光缆由什么组成？

层绞式光缆是由多根二次被覆光纤松套管（或部分填充

绳）绕中心金属加强件绞合成圆整的缆芯。

9. 层绞式光缆结构的优点和缺点包括哪些？

优点是光缆中容纳的光纤数量多，光缆中光纤余长易控制，光缆的机械、环境性能好，它适宜于直埋、管道敷设，也可用于架空敷设。缺点是光缆结构、工艺设备较复杂、生产工艺环节较烦琐、材料消耗多等。

10. 中心管式光缆是由什么组成的？

中心管式光缆是将光纤套入松套管中，松套管外设置涂塑钢带，在涂塑钢带两侧放置两根平行钢丝后挤制护套成缆。

11. 中心管式光缆的优点和缺点包括哪些？

优点是光缆结构简单、制造工艺简洁、光缆截面小、重量轻，很适宜架空敷设，也可用于管道或直埋敷设。缺点是光缆中光纤芯数不宜过多（如分离光纤为 12 芯、光纤束为 36 芯、光纤带为 216 芯），松套管挤塑工艺中松套管冷却不达标，成品光缆中松套管会出现后缩，光缆中光纤余长不易控制等。

12. 普通光缆的型号组成是什么？

普通光缆的型号由型式代号和规格代号两部分组成，即光缆的型号＝型式代号＋规格代号。

13. 光纤规格代号组成是什么？

光纤的规格代号由光纤数和光纤类别组成。

14. 机房 ODF 光缆成端技术有哪些要求？

（1）光缆进入机房前应留足够的长度（一般不少于 12m）。

（2）采用终端盒方式成端时，终端盒应固定在安全、稳定的地方。

（3）成端接续要进行监测，接续损耗要在规定值之内。

（4）采用 ODF 架方式成端时，光缆的金属护套、加强芯等金属构件要安装牢固，光缆的所有金属构件要做终结处理，并与机房保护地线连接。

（5）从终端盒或 ODF 架内引出的尾纤要插入机架的珐琅盘内，空余备用尾纤的连接器要戴上塑料帽，防止落上灰尘。

（6）光缆成端后必须对尾纤进行编号，同一中继段两端机房的编号必须一致。无论施工还是维护，光纤编号不宜经常更改。尾纤编号和光缆色谱对照表应贴在 ODF 架的柜门或面板内侧。

15. 光缆型式代号中分类代号及其意义包括哪些内容？

GY 表示通信用室（野）外光缆；GR 表示通信用软光缆；GJ 表示通信用室（局）内光缆；GS 表示通信用设备内光缆；GH 表示通信用海底光缆；GT 表示通信用特殊光缆。

16. 光缆型式代号中加强构件代号及其意义包括哪些内容？

无符号表示金属加强构件；F 表示非金属加强构件；G 表示金属重型加强构件；H 表示非金属重型加强构件。

17. 光缆型式代号中派生特征代号及其意义包括哪些内容？

D 表示光纤带状结构；G 表示骨架槽结构；B 表示扁平式结构；Z 表示自承式结构；T 表示填充式结构。

18. 光缆型式代号中护层代号及其意义包括哪些内容？

Y 表示聚乙烯护层；V 表示聚氯乙烯护层；U 表示聚氨酯护层；A 表示铝—聚乙烯黏结护层；L 表示铝护套；G 表示钢护套；Q 表示铅护套；S 表示钢—铝—聚乙烯综合护套。

19. 举例说明光缆型号的表示意义。

（1）光缆型号为 GYTA53-12A$_1$，其表示意义为松套层绞结构，金属加强件，铝—塑黏结护层，皱纹钢带铠装，聚乙烯外护套，通信用室外光缆，内装 12 根渐变型多模光纤。

（2）光缆型号为 GYDXTW-144B$_1$，其表示意义为中心管式结构，带状光纤，金属加强件，全填充型，夹带增强聚乙烯护套，通信用室外光缆，内装 144 根常规单模光纤（G.652）。

（3）光缆型号为 GJFBZY-12B$_1$，其表示意义为扁平型结构，非金属加强件，阻燃聚烯烃外护套，通信用室内光缆，内含 12 根常规单模光纤（G.652）。

20. 如何替换光纤切割刀的刀片？

（1）取下收纤盒。

（2）拧松锁紧螺钉，取出锁紧螺钉及垫片。

（3）用镊子仔细夹住刀片两侧，轻轻抬起并取出刀片。

（4）更换一个新刀片。

（5）装入垫片，拧紧锁紧螺钉，注意不要过度拧紧。

（6）装上收纤盒。

21. 光纤接续的方法分为哪几类？

（1）电弧熔接法。

（2）黏接法。

（3）机械法。

22. 光缆接续工序有哪些？

（1）接头盒内部组件安装和光缆护套组件的安装。

（2）剥开光缆，去除光缆外护套并清理光缆内的填充油膏。

（3）将光缆固定到接头盒上，并固定（接续）加强芯。

（4）辨别束管色谱，给束管编号并将束管固定。

（5）去除束管、辨别光纤色谱、套上热熔管。

（6）光纤接续，同时监测接续质量。

（7）余留光纤的收容。

（8）光缆内金属构件的连接以及各种监测线的安装。

（9）接头盒的封装及固定。

23. 光纤接续程序有哪些？

（1）除去套层，包括预涂覆和二次涂覆。

（2）切割光纤，制备端面。

（3）轴向校直，对准中心。

（4）选择合适的方法进行连接或安装，对接续点加以保护。

（5）接头特性的测试检查。

24. 怎样提高光缆接续人员的操作水平？

光缆接续人员的操作水平直接影响光缆接续质量的高低，作为一个合格的光缆接续者，必须做到"净、轻、稳、细"这四个字。

（1）净：时刻保持接续设备（切割刀、熔接机）的干净，并保证待接光纤的干净（尤其是制备好端面的光纤不能再碰触其他地方），注意经常更换酒精棉球（纱布），养成良好的习惯。

（2）轻：在整个接续过程中动作要轻，一个是操作仪表、器械时要轻；一个是来回移动裸光纤时要轻，避免光纤受力、受伤。

（3）稳：在接续和盘纤时动作要稳，不可急躁，动作幅度也不要太大，以免裸纤受伤。熔接机、切割刀也要放在稳妥的地方。

（4）细：心要细，避免盘到收容盘内的光纤出现微弯或受力等情况。接续前仔细察看所熔接的光纤是否颜色相同、是否符合设计要求。

25.常用的光缆接头盒的构造有哪些？

光缆接头盒的型号和种类较多，但构造原理基本相同，分为保护罩部分、固定组件、接头盒密封组件以及余纤收容盘 4 部分。

26.光纤完成熔接后，连接质量的评价包括哪些内容？

光纤完成熔接后，应及时对连接质量进行评价，确定是否需要重新接续。由于光纤接头的使用场合、连接损耗的标准等不同，具体要求也不尽相同，但评价的内容、方法基本相似。

（1）外观目测检查。光纤熔接完毕，在熔接机的显示屏上观察熔接部位是否良好。

（2）连接损耗估测。熔接机上显示的损耗估测值可以作为参考，估测值不符合要求需要重新接续。

（3）张力测试。光纤自动熔接机上的张力自动测试装置，一般情况下，当光纤熔接好以后，熔接机自动加上 240g 的张力，如果光纤不断裂说明达到了接续强度的要求。

（4）连接损耗测量。对于长途光缆的光纤接续损耗，只靠目测是不够的，而且自动熔接机上显示的连接损耗也是按照熔接机内存储的经验公式推算出来的，有些因素没有考虑进去，因此准确的接续损耗必须通过专门的测量才能得出。

27.光源、光功率计分别分为哪几类？

光纤通信测量中使用的光源有三种：稳定光源、白色光源（即宽谱线光源）和红外可见光源。

光功率计是用来测量光功率大小、线路损耗、系统富裕度及接收机灵敏度等的仪表，是光纤通信系统中最基本，也是最主要的入门测量仪表。光功率计的种类可分为模拟显示型和数字显示型；根据可接收光功率大小不同，可分成高（10～40dBm）、中（0～55dBm）和低（0～90dBm）三种类型；按接收波长不同，可分为长波长型（1.0～1.7μm）、短波长型（0.4～1.1μm）和全波长型（0.7～1.6μm）。

28. 可见红光笔的作用有哪些？

对光纤断裂、弯曲位置进行故障定位，通过红光笔对光纤跳纤进行打光测试，可判断光纤另一端对应接头是哪一个，如果找不到红光说明线路路由不对应或中间光纤纤芯已断。

29. 光纤产生损耗的原因有很多，其类型主要有哪几种？简要说明产生的原因。

主要有固有损耗、外部损耗和应用损耗等。

（1）固有损耗。包括吸收损耗和散射损耗。吸收损耗由 SiO_2 材料引起的固有吸收和由杂质引起的吸收产生。散射损耗主要由材料微观密度不均匀引起的瑞利散射和由光纤结构缺陷（如气泡）引起的散射产生。

（2）外部损耗。光纤、光缆制造工艺导致微弯辐射损耗。

（3）应用损耗。施工安装和使用运行中产生，如张力、弯曲、挤压、潮气等造成。

30. 光缆按传输性能、距离和用途分为哪几类？

可分为长途光缆、市话光缆、海底光缆和用户光缆。

31. 按光纤的模式分类，光缆的种类有哪些？

可分为多模光缆、单模光缆。

32. 按光纤套塑方法分类，光缆的种类有哪些？

可分为紧套光缆、松套光缆、束管式光缆和带状多芯单元光缆。

33. 按敷设方式分类，光缆的种类有哪些？

可分为管道光缆、直埋光缆、架空光缆和水底光缆。

34. 按护层材料性质分类，光缆的种类有哪些？

可分为聚乙烯护层普通光缆、聚氯乙烯护层阻燃光缆和尼龙防蚁防鼠光缆。

35. 按传输导体、介质状况分类，光缆的种类有哪些？

可分为无金属光缆、普通光缆和综合光缆。

36. 按结构方式分类，光缆的种类有哪些？

可分为扁平结构光缆、层绞式结构光缆、骨架式结构光缆、铠装结构光缆（包括单、双层铠装）和高密度用户光缆等。

37. 按使用环境分类，光缆的种类有哪些？

（1）室（野）外光缆。用于室外直埋、管道、槽道、隧道、架空及水下敷设的光缆。

（2）软光缆。具有优良的曲挠性能的可移动光缆。

（3）室（局）内光缆。适用于室内布放的光缆。

（4）设备内光缆。用于设备内布放的光缆。

（5）海底光缆。用于跨海洋敷设的光缆。

（6）特种光缆。除上述几类之外，作特殊用途的光缆。

38. 使用直埋光缆故障探测仪应该注意哪些事项？

（1）接地线的放置应尽量长一些。

（2）某些铺塑料管的地方，容易造成假象，这时要仔细探测，反复比较，正确判断，才能减少挖点，提高工作效率。

（3）在雷雨多的地方，布放的排流线有一条的，也有两条的，这时接收器信号相对要有变化。由于排流线的存在，可以干扰测量的结果，表头指针有变化，这时要仔细比较、综合考虑，准确地判断故障点。

（4）当光缆很长时（3km 以上），为了提高音频、信号强度，可以将对端接地，有利于查找故障点。

（5）当光缆线路路由上遇有盘留点时要注意，此时反映出的现象与故障点类似，就需要耐心细致地比较，在确认其他地方无故障点时再回到这里，将此处挖开查找。

39. 光缆线路路由探测器的工作原理是什么？

当交变电流通过一直线导体时，在该导体周围便产生一个类似同轴的交流电磁场。将一线圈放于这个磁场中，在线圈内将感应产生一个同频率的交流电压，感应电压的大小决定于该线圈在磁场中的位置和方向。当磁力线方向与线圈轴向平行时，根据电磁感应原理，磁力线轴向穿过线圈，线圈感应的电压将最大（峰值）；当线圈轴向与磁力线方向相垂直，无磁力线穿过线圈时，感应的电压最小（零值），由此可判断出线缆的位置。

40. 光缆线路路由探测器的组成有哪些？

由信号发射器和接收机两部分组成。

41. 光缆线路路由探测器如何保养？

（1）放置环境要干燥、无腐蚀，每次使用后，要清除泥土，清洁探测器。当信号发射器和接收机长期不用时，应取出电池。

（2）连接线要保持良好，发现绝缘层破损要及时修补或更换。

42. 光缆线路故障分为哪几类？

根据故障光缆光纤阻断情况，可将故障类型分为光缆全断、部分束管中断、单束管中的部分光纤中断 3 种。

43. 造成光缆线路故障的原因分为哪几类？

引起光缆线路故障的原因大致可以分为 4 类：外力因素、自然灾害、光缆自身缺陷及人为因素。

44. 有哪些外力因素能引发光缆线路故障？

（1）外力挖掘。挖掘是直埋光缆损坏的最主要原因。在建筑施工、维修地下设备、修路、挖沟等工程时均可威胁到光缆线路的安全。

（2）车辆挂断。车辆撞倒电杆使光缆拉断或者光缆下面通过的车辆拉（挂）断吊线和光缆造成的通信中断。处理车辆挂断故障时，应首先对故障点光缆进行双方向测试，确认光缆阻断处，然后再有针对性地处理。

（3）鸟啄。架空光缆因受鸟啄产生光缆故障，这类故障一般不会使所有光纤中断，而是部分光缆部位或光纤损坏，但这类故障查找起来比较困难。

45. 有哪些自然灾害原因会造成光缆线路故障？

（1）鼠咬与鸟啄。由于动物啃咬光缆造成光缆破裂和光纤断纤。无论地下、架空还是室内的光缆都会受到动物啃咬的威胁。

（2）火灾。光缆路由下方堆积的柴草、杂物等起火导致的线路损坏，或架空光缆附近农民焚烧秸秆引发光缆故障。

（3）洪水。由于洪水冲断光缆或光缆长期浸泡水中使光纤进水，引起光纤衰减增大。

（4）大风。飓风、台风等强风暴造成电杆倒、断，光缆连带受伤或中断。

（5）冰凌。冰凌造成的光缆受力阻断。

（6）雷击。当光缆线路上或其附近遭受雷击时，在光缆上产生高电压放电损伤光缆。

（7）电击。当高压输电线与光缆或光缆吊线相搭接时，强大的高压放电电流会把光缆烧坏。

46. 有哪些光纤自身的原因造成光缆线路故障？

（1）自然断纤。由于光纤是由玻璃、塑料纤维拉制而成，比较脆弱，随着时间的推移会产生静态疲劳，光纤逐渐老化导致自然断纤。或者是接头盒进水，导致光纤损耗增大，甚至发生断纤。

（2）环境温度的影响。温度过低会导致接头盒内进水结冰，光缆护套纵向收缩，对光纤施加压力产生微弯，使衰减增大或光纤中断。温度过高，又容易使光缆护套及其他保护材料损坏，影响光纤特性。

47. 有哪些人为因素会引发光缆线路故障？

（1）工障。技术人员在维修、安装和其他活动中引起的人为故障。例如，在光纤接续时，光纤被划伤、光纤弯曲半径太小；在割接光缆时错误地切断正在运行的光缆；光纤接续时接续不牢、接头盒封装时加强芯固定不紧等造成的断纤。

（2）偷盗。犯罪分子盗割光缆，造成光缆阻断。

（3）破坏。人为蓄意破坏，造成光缆阻断。

48. 光缆故障处理原则是什么？

故障处理的总原则是先抢通，后修复；先核心，后边缘；先本端，后对端；先网内，后网外，分故障等级进行处理。当两个以上的故障同时发生时，对重大故障予以优先处理。线路障碍未排除之前，查修不得中止。

49. 电源安装注意事项有哪些？

（1）不要剪掉线缆上的保险盒，如果线太长，可以将线截短些但需要将保险盒保留。

（2）接线操作时不能有短路、断路现象，以免损坏汽车设备或汽车自控系统。

50. GSM 天线安装的注意事项有哪些？

（1）安装位置应尽量靠近车窗附近，即 GSM 信号强度高的位置。

（2）安装位置应尽量隐蔽，防止破坏。

（3）天线应距离金属平面 5cm，以利于车辆高速行驶时有更好的信号接收性（对于 T 形扁平天线）。

51. 卫星定位天线安装的注意事项有哪些？

（1）将卫星定位天线和主机连接好，卫星天线放置位置的上面不可以有金属物覆盖，至少要看到 60°的天空，倾斜度不能大于 15°，最好将天线放置在前后保险杠或车前窗、车后窗下（车后窗有防爆膜不可安装）、车顶等位置。

（2）天线上方（弧形面）必须向上对着天空，其上部空间不要有其他物品遮挡。

（3）天线底部（平面、有文字）有吸铁或者黏胶，可吸在车上固定，否则需要用双面胶固定。

（4）天线信号线的电缆不要受外力挤压，以免压断或拉断等问题。

52. 其他信号线安装（大灯、转向、刹车等）的注意事项有哪些？

使用电笔分别试验车辆上对应的状态信号线，当动作操作时有信号变化的则为需要找的对应的信号线，不同的车辆上信号线颜色是不同的，根据实际车辆情况正确连接信号线即可。

53. 终端安装位置选择的注意事项有哪些？

（1）安装位置应不影响驾驶员的正常操作。

（2）安装位置应尽量符合仪表台的设置规则，车辆本身看起来自然和谐。

（3）安装位置应确保不被水淋（如洗车），严禁被水浸泡。

（4）各种线缆接头处应确保绝缘捆扎，线缆应防止被压断甚至短路。

（5）安装位置尽量选取在驾驶员能够自然查看的位置。

（6）终端应固定在牢固的位置，用外置框架固定嵌入式安装在仪表台，或者用安装脚架固定于仪表台上。

54. 终端标准安装流程有哪些？

（1）与车辆负责人一起检查车辆外观、玻璃及车内仪表设备的原始状态。

（2）填写安装确认单，记录各设备条码信息及车牌号，对 SIM 卡拍照片并将其安装到北斗终端。

（3）拆掉车辆中控台，主机连接电源线及必要的信号线。

（4）处理接线工艺，包胶布绑扎带。

（5）固定并粘贴 GPS 天线、4G 天线位置走线等。

（6）设备修改车牌、SIM 卡信息，并设置相应服务器的配置信息。

（7）通过 App 或电话询问监控中心，对终端上线情况进行测试。

（8）对安装现场的安装质量进行复查，确认无异常。

（9）安装结束，收拾现场工具材料及卫生。

55. 视频监控摄像机主要分哪两大类？

视频监控摄像机主要分为模拟和数字两大类。

56. 模拟球机的几种常用波特率是多少？

模拟球机的常用波特率为 2400bps、4800bps、9600bps、115200bps。

57. 摄像头镜头的种类有哪些？

广角镜头、标准镜头、长焦镜头、变焦镜头、针孔镜头。

58. 视频监控系统的基本组成有哪些？

视频监控系统是由前端摄像头、线路传输、后端控制设备、显示设备、防盗报警部分和系统供电部分组成。

59. 视频监控同轴电缆结构由哪些部分组成？

视频监控同轴电缆结构共分为 4 层：中心铜线（单股的实心线或多股绞合线）、塑料绝缘体、网状导电层和电缆外皮。

60. 无线网桥的常用工作模式及特点是什么？

（1）点对点传输模式：以单个设备发射，再由单个设备接收的简单连接方式，常用于传输距离较远的情况。

（2）点对多点传输模式：基于点对点传输模式发展而来的，一个接收端对多个发射端，常用于传输距离较近、监控点较多、分布较密集的情况。

（3）中继传输模式：由于发射端与接收端有不能避开的阻挡物遮挡了无线信号，所以在中间添加中转设备，让无线信号通过中转设备顺利传输到接收端。

61. 视频监控 POE 电力传输的常用模式是什么？

（1）模式 A：使用空闲的 2 对即 4 条线芯进行电力传输，

分别是引脚 4、5、7、8。

（2）模式 B：使用引脚 1、2、3、6 进行电力传输，电力和数据都是在相同线芯中进行传输。

62. 摄像机云台主要有哪几项控制功能？

水平方向控制、垂直方向控制、镜头变倍控制、镜头聚焦控制、镜头光圈控制、辅助功能控制。

63. 超五类网线 RJ45 水晶头与六类水晶头有哪些区别？

（1）外观尺寸相同，内部构造不同。

（2）六类水晶头常用于千兆网络，铜芯较粗，上下交错排列，线径为 0.57mm，六类水晶头不适用于超五类网线，使用后容易出现网络故障。

（3）RJ45 水晶头常用于百兆网络，铜芯相对细一些，直线排列，线径为 0.51mm，RJ45 水晶头可以用于六类线，但是不建议。

64. 简述 BNC 连接头的制备步骤。

（1）准备分解 BNC 头，放入要进行连接的同轴线相应位置。

（2）使用剥线钳将线缆绝缘外层剥去 1.5cm，再将中芯线绝缘层剥去 0.6cm。

（3）露出芯线长 2.5mm，芯线必须插入接头的内开孔槽中，最后上锡，将屏蔽网修剪齐，余约 6.0mm，把缆线焊牢。

（4）BNC 接头放好绝缘层护套，拧紧金属筒保护外壳。

（5）测试并检查线头是否焊接好，避免造成虚焊、短路等问题。

65. 压力变送器的日常巡检步骤有哪些？

（1）电气连接处的检查。

① 定期检查接线端子的电缆连接，确认端子接线牢固。

②定期检查导线是否有老化、破损的现象。

（2）产品密封性的检查。

①定期检查取压管路及阀门接头处有无渗漏现象。

②定期检查电缆进线口是否有密封不严或密封圈老化、破损现象。

③定期检查壳体前后盖是否有未拧紧或密封圈老化、破损现象。

（3）特殊介质下使用的检查。对于含大量泥沙、污物的介质，应当定期排污、清洗传感器。

（4）电池的检查。定期检查电池电量是否充足，对需要更换的应选择相同型号的电池。

66. 温度变送器的日常巡检步骤有哪些？

（1）电气连接处的检查。

①定期检查接线端子的电缆连接，确认端子接线牢固。

②定期检查导线是否有老化、破损的现象。

（2）产品密封性的检查。

①定期检查安装位置及阀门接头处有无渗漏现象。

②定期检查电缆进线口是否有密封不严或密封圈老化、破损现象。

③定期检查壳体前后盖是否有未拧紧或密封圈老化、破损现象。

④定期检查保护套管内的导热油是否充足。

（3）特殊介质下使用的检查。对于含大量泥沙、污物的介质，应当定期排污、清洗传感器。

（4）电池的检查。定期检查电池电量是否充足，对需要更换的应选择相同型号电池。

67. 功图的日常巡检步骤有哪些？

（1）观察外观有无破损、变形。

（2）在上位机上观察组态监控界面的示功图采集图像是否正常。

68. 流量计的日常巡检步骤有哪些？

（1）硬件巡检。观察流量计的瞬时流量数值和累计流量数值显示的数据。

（2）软件巡检。在上位机上观察组态监控界面流量计的瞬时流量数值和累计流量数值显示的数据是否与现场仪表数值一致。

69. 目前大庆油田车辆位置服务综合管理平台中的车辆都有哪些？

普通车辆，两客一危，国网车辆。

70. 普通车辆都有哪些？

办公车辆、生产车辆、特种车辆。

71. 两客一危指的是哪些车辆？

从事旅游的包车、三类以上班线客车和运输危险化学品、烟花爆竹、民用爆炸物品的道路专用车辆。这些车辆一旦发生交通事故，往往造成群死群伤、重大财产损失等严重后果，因此交警长期将两客一危车辆列为重点管控对象，严查严管。这类车辆维修要做到规范化、标准化，确保车辆技术状况良好，保障道路运输安全。两客一危车辆是防范道路运输重特大事故的重中之重，运输里程超过800km，运输企业要按照要求，必须为两客一危车辆安装卫星定位装置。

72. 国网车辆有哪些？

12t 及以上货物营运车辆。

73. 目前北斗车载定位监控终端设备都有哪些？

2G 部标终端、4G 部标视频终端、OBD 终端、云镜终端、台式终端。

74. 北斗车载定位监控终端造成统计公里数丢失的原因有哪些？

（1）北斗车载定位监控终端连接卫星需要一定的时间，车辆启动就马上行驶，此时北斗终端还未连接卫星没有进行定位。

（2）车辆行驶至信号遮挡屏蔽环境路段。

75. 设备安装为什么不接常火电源？

国标要求两根电源线分开安装，但实际工作中发现单位车辆有长期停放的情况，如果接了常火电源因为终端工作原理会使车辆电瓶亏电，所以常火电源也接到 ACC 线上。

76. 定位天线和数据天线为什么要分开安放？

定位天线和数据天线安装距离过近，会导致信号干扰，造成数据丢失。

77. 直观法检修的三个步骤是什么？

（1）打开机壳之前应检查观察电器外表，看有没有碰伤痕迹，机器上的按键、插口、电气设备的连线有无损坏等。

（2）打开机壳后检查观察线路板及机内各种装置，看熔断丝是否熔断；元器件有没有相碰、断线；电阻有没有烧焦、变色；电解电容器有没有漏液、裂胀及变形；印刷电路板上的铜箔和焊点是否良好，有没有被他人修整、焊接的痕迹等，在机内观察时，可用手拨动一些元器件、零部件，以便直观充分检查。

（3）通电后检查。这时眼要看电器内部有没有打火、冒烟现象；耳要听电器内部有没有异常声音；鼻要闻电器内部有没有烧焦味；手要摸一些管子、集成电路等是否烫手，如有异常发热现象，应立即关机。

78.光缆运输应注意什么？

（1）光缆盘、电缆盘用汽车或电缆拖车载运，不宜在地上长距离滚动。如需要在地上短距离滚动时，应按电缆绕在盘上的逆转方向进行；光缆盘、电缆盘若在软土上滚动，地上应垫木板或铁板。

（2）装卸电缆时，必须有专人指挥，全体人员应行动一致。

（3）光缆盘、电缆盘不可放在斜坡上；安放光缆盘、电缆盘时，必须在盘两面垫木枕，以免滚动。

（4）光缆盘、电缆盘不可平放，也不能长期囤放在潮湿的地方，以免木盘腐烂。若盘已坏朽，应立即更换好盘，倒盘时，各盘均应安置在稳固的千斤顶上。

（5）光缆盘、电缆盘如需放在路旁过夜，必须将光缆盘、电缆盘上的护板完全钉好，以免遭受损失，必要时，可派专人值守。

（6）人工转动光缆盘、电缆盘时，撬棍（铁或木质）应坚实有棱，长度适宜，上端顶冲点要对着光缆盘、电缆盘的坚固位置（如铁盘的角钢或槽钢梁），如遇软土，顶杠下面应垫木板，动作时要统一口令行动。

（7）装运光缆盘、电缆盘前，必须检查光缆盘、电缆盘有无破损，若发现破损不可运出，应立即通知相关人员修复。

（8）光缆盘、电缆盘装车后，应用绳索将缆盘绑固在车身铁架上，若车上无光缆盘、电缆盘座架时，必须垫木枕。车行驶中，工作人员不得坐立在缆盘的前后方以及上面。押运者还应随时检查木枕和盘的移动情况，如发现问题，停车加固处理。

（9）光缆盘、电缆盘装卸车，一般用吊车。如用人工装卸时，不可将缆盘直接从车上推下，应用粗细合适的绳索绕在盘上或中心孔的铁轴上，用绞车、滑车或足够的人力控制电缆，使其慢慢从跳板上滚下。工作人员应远离跳板两侧，在 3m 内不准有人行动。装卸时非工作人员不可在附近停留。

（10）装卸光缆盘、电缆盘如使用电缆拖车，根据不同对象，用三角木枕恰当制动车轮。行车前应捆绑牢固，防止缆盘受震跳出槽外。

（11）用两轮电缆拖车装卸光缆盘、电缆盘时，无论用绞盘或人拉控制，都需要用绳着力拉住拖车拉端，慢慢拉下或撬下，不可猛然撬上或落下。装卸时，不得有人站在拖车下面和后面，以免伤人和摔坏光缆、电缆。用四轮电缆拖车装运时，两侧的起重绞盘提拉速度应一致，保持缆盘平稳上升落入槽内。

（12）使用光缆、电缆拖车运输电缆，除按规定设标志外，必须较一般汽车行驶速度更低，并要特别注意来往车辆和行人。

（13）光缆盘、电缆盘不可骤然坠下，以免盘缘损坏或陷入地下压伤电缆。

 HSE 知识

（一）名词解释

1. **静电**：由于物体与物体之间的紧密接触和分离，或者相互摩擦，发生了电荷转移，破坏了物体原子中的正负电荷的平衡而产生的电。

2. **触电**：电流通过人体与大地或其他导体形成回路，引起的组织损伤和功能障碍，重者发生心跳和呼吸骤停。

3. **风险**：生产安全事故或健康损害事件发生的可能性和后果的组合。风险有两个主要特性，即可能性和严重性。

4. **危险**：可能导致事故的状态，事物处于一种不安全的状态，是可能发生潜在事故的征兆。

5. **风险评价**：评估风险程度以及确定风险是否可允许的全过程。

6. **风险控制**：利用工程技术、教育和管理手段消除、替代和控制危害因素，防止发生事故，造成人员伤亡和财产损失。

7. **安全目视化管理**：通过安全色、标签、标牌等形象直观而又色彩适宜的方式，明确现场人员分类，工器具、工艺设备的使用状态以及作业区域的危险状态等的一种现场安全管理方法。

8. **安全色**：用以表达禁止、警告、指令、指示等安全信息的颜色。我国规定的安全色为红、黄、蓝、绿4种颜色。

9. **工作前安全分析**：在作业前，由负责人组织施工人员辨识作业环境、场地、设备工具、人员，以及整个作业过程中存在的危害，从而提前制定防范措施，避免或减少事故发生的一种风险防控方法。

10. **高危作业**：高处作业、动火作业、进入受限空间作业、移动吊装作业、临时用电作业、挖掘作业、管线打开作业以及其他容易导致人员伤亡事故的作业。

11. **高处作业**：凡是在坠落高度基准面2m（含2m）以

上，有可能坠落的高处进行的作业。

12. 上锁挂牌： 通过安装上锁装置及悬挂警示标牌，来防止危险能源和物料意外释放，可能造成的人员伤害或财产损失的方法。

13. 属地： 员工所负责日常管理的工作区域，可包含作业场所、实物资产和人员。属地应有明确的范围界限，有具体的管理对象（人、物等），有清晰的标准和要求。

14. 事件： 发生或可能发生与工作相关的健康损害或人身伤害（无论严重程度），或者死亡情况。事件的发生可能造成事故，也可能并未造成任何损失，因此说事件包括事故。

15. 事故： 人（个人或集体）在为实现某种意图而进行的活动过程中，突然发生的、违反人的意志的、迫使活动暂时或永久停止的事件。

16. 工伤： 劳动者在工作或其他职业活动中因意外事故和职业病造成的伤残或死亡。在工作时间和工作岗位突发疾病超过48h抢救无效死亡的不能视同工伤。

17. 安全经验分享： 一项以开展"分享"活动为形式、以安全"经验"为载体，全员参与、全员受益的专门的安全学习活动。

18. 应急演练： 各级人民政府及其部门、企事业单位、社会团体组织相关单位及人员，依据有关应急预案，模拟应对突发事件的活动。

19. 火灾： 在时间或空间上失去控制的燃烧造成的灾害。

20. 三违行为： 违章指挥，违章作业，违反劳动纪律。

（二）问答

1. 防护用品分为哪几类？

头部防护用品、呼吸防护用品、眼面部防护用品、听力防护用品、手部防护用品、足部防护用品和躯体防护用品。

2. 常用危害因素辨识方法有哪几种？

现场观察法、安全检查表法、"5×5"危害事件识别法、预先危险分析法。

3. 常用 HSE 工具方法有哪些？

HSE 工具方法是推进 HSE 体系建设的重要抓手，也是培育 HSE 文化的必由之路。常用的有个人安全行动计划、行为安全观察与沟通、工作前安全分析（JSA）、作业许可、启动前安全检查（PSSR）、HSE 培训矩阵、作业条件危险性分析法（LEC）、危险性和可操作性研究（HAZOP）等。

4. 安全目视化内容有哪些？

人员目视化、工器具目视化、设备目视化、工艺目视化、生产作业现场目视化。

5. 安全标志的构成及分类有哪些？

安全标志是由图形符号、安全色、几何形状（边框）或文字构成，用以表达特定安全信息的标志。安全标志包括禁止标志、警告标志、指令标志、提示标志 4 类。

6. 应急演练的目的是什么？

检验预案、完善准备、锻炼队伍、磨合机制、科普宣教。

7. 消除静电的方法有哪几种？

（1）静电接地。（2）增湿。（3）加抗静电添加剂。（4）静电中和器。（5）工艺控制法。

8. 人体发生触电的原因是什么？

在电路中，人体的一部分接触电线，另一部分接触其他导体，就会发生触电。触电的原因：（1）违规操作。（2）绝缘性能差漏电，接地保护失灵，设备外壳带电。（3）工作环境过于潮湿，未采取预防触电措施。（4）接触断落的架空输电线或地下电缆漏电。

9. 触电的现场急救方法主要有哪几种？

人工呼吸法、人工胸外心脏挤压法两种。

10. 预防触电事故的措施有哪些？

采用安全电压、保证绝缘性能、采用屏护、保持安全距离、合理选用电气设备、装设漏电保护器、保护接地与接零等。

11. 安全用电注意事项有哪些？

（1）手潮湿（有水或出汗）不能接触带电设备和电源线。

（2）各种电气设备，如电动机、启动器、变压器等金属外壳必须有接地线。

（3）电路开关一定要安装在火线上。

（4）在接、换熔断丝时，应切断电源。熔断丝要根据电路中的电流大小选用，不能用其他金属代替熔断丝。

（5）正确地选用电线，根据电流的大小确定导线的规格及型号。

（6）人体不要直接与通电设备接触，应用装有绝缘柄的工具（绝缘手柄的夹钳等）操作电气设备。

（7）电气设备发生火灾时，应立即切断电源，并用二氧化碳灭火器灭火，切不可用水或泡沫灭火器灭火。

（8）高大建筑物必须安装避雷器，如发现温升过高、绝缘下降时，应及时查明原因、消除故障。

（9）发现架空电线破断、落地时，人员要离开电线地点 8m 以外，有专人看守，并迅速组织抢修。

12. 灭火有哪些方法？

冷却法、窒息法、隔离法和抑制法 4 种。

13. 目前大庆油田常用的灭火器有哪些？

目前大庆油田常用的灭火器有泡沫灭火器、二氧化碳灭火器、干粉灭火器等。

14. 手提式干粉灭火器如何使用？适用哪些火灾的扑救？

（1）使用方法：首先拔掉保险销，然后一手将拉环拉起或压下压把，另一只手握住喷管，对准火源。

（2）适用范围：扑救液体火灾、带电设备火灾和遇水燃烧等物品的火灾，特别适用于扑救气体火灾。

15. 如何报火警？

一旦失火，要立即报警，报警越早，损失越小，打电话时，一定要沉着。首先要记清火警电话"119"，接通电话后，要向接警中心讲清失火单位的名称地址、什么东西着火、火势大小，以及火的范围。同时还要注意听清对方提出的问题，以便正确回答。随后，把自己的电话号码和姓名告诉对方，以便联系。打完电话后，要立即派人到交叉路口等待消防车的到来，以利于引导消防车迅速赶到火灾现场。还要迅速组织人员疏散消防通道，消除障碍物，使消防车到达火场后能立即进入最佳位置灭火救援。

16. 高处作业级别是如何划分的？

（1）作业高度在 $2m \leqslant h_w < 5m$ 时，称为一级高处作业。

（2）作业高度在 $5m \leqslant h_w < 15m$ 时，称为二级高处作业。

（3）作业高度在 $15m \leqslant h_w < 30m$ 时，称为三级高处作业。

（4）作业高度在 $h_w \geqslant 30m$ 以上时，称为特级高处作业。

17. 高处坠落的原因是什么？

（1）扶梯腐蚀、损坏。

（2）同时上梯人数超过规定。

（3）冰雪天气操作时未做好防滑措施。

（4）在设备上操作时未佩戴安全带或安全带悬挂位置不合适。

18. 高处坠落的消减措施是什么？

（1）做好扶梯防腐工作并定期检查。

（2）一次上梯人数不能超过 3 人。

（3）冰雪天气操作前做好防滑措施，可采用沙子防滑。

（4）在设备上操作时，应按规定佩戴安全带并选择合适位置。

19. 安全带通常使用期限为几年？几年抽检一次？

安全带通常使用期限为 3～5 年，发现异常应提前报废。一般安全带使用 2 年后，按批量购入情况应抽检一次。

20. 使用安全带时有哪些注意事项？

（1）安全带应高挂低用，注意防止摆动碰撞，使用 3m 以上的长绳时应加缓冲器，自锁钩用吊绳例外。

（2）缓冲器、速差式装置和自锁钩可以串联使用。

（3）不准将绳打结使用，也不准将钩直接挂在安全绳上使用，应挂在连接环上用。

（4）安全带上的各种部件不得任意拆卸，更换新绳时应注意加绳套。

21. 外伤急救步骤是什么?

止血、包扎、固定、送医院。

22. 触电急救要点是什么?

(1) 迅速切断电源。

(2) 若无法立即切断电源时,用绝缘物品使触电者脱离电源。

(3) 保持呼吸道畅通。

(4) 立即呼叫"120"急救电话,请求救治。

(5) 如呼吸、心跳停止,应立即进行心肺复苏。

(6) 妥善处理局部电烧伤的伤口。

23. 如何判定触电伤员的呼吸、心跳?

触电伤员如意识丧失,应在 10s 内,用看、听、试的方法,判定伤员呼吸心跳情况。看:看伤员的胸部、腹部有无起伏动作;听:用耳贴近伤员的口鼻处,听有无呼气声音;试:试测口鼻有无呼气的气流。再用两手指轻试一侧(左或右)喉结旁凹陷处的颈动脉有无搏动。若看、听、试结果,既无呼吸又无颈动脉搏动,可判定呼吸心跳停止。

24. 如何进行口对口(鼻)人工呼吸?

在保持伤员气道通畅的同时,救护人员用放在伤员额上的手的手指捏住伤员鼻翼,救护人员深吸气后,与伤员口对口紧合,在不漏气的情况下,先连续大口吹气两次,每次 1 ~ 1.5s。如两次吹气后试测颈动脉仍无搏动,可判断心跳已经停止,要立即同时进行胸外按压。除开始时大口吹气两次外,正常口对口(鼻)呼吸的吹气量不需过大,以免引起胃膨胀,吹气和放松时要注意伤员胸部应有起伏的呼吸动作。触电伤员如牙关紧闭,可口对鼻人工呼吸。口对鼻人工呼吸吹气时,要将伤员嘴唇紧闭,防止漏气。

25. 如何对伤员进行胸外按压？

（1）救护人员右手的食指和中指沿触电伤员的右侧肋骨下缘向上，找到肋骨和胸骨接合处的中点。

（2）两手指并齐，中指放在切迹中点（剑突底部），食指平放在胸骨下部。

（3）另一只手的掌根紧挨食指上缘，置于胸骨上，找准正确按压位置。

（4）救护人员的两肩位于伤员胸骨正上方，两臂伸直，肘关节固定不屈，两手掌根相叠，手指翘起，不接触伤员胸壁。

（5）以髋关节为支点，利用上身的重力，垂直将正常人胸骨压陷 3 ~ 5cm（儿童和瘦弱者酌减）。

（6）压至要求程度后，立即全部放松，但放松时救护人员的掌根不得离开胸壁。按压必须有效，有效的标志是按压过程中可以触及颈动脉搏动。

26. 高处作业实行什么制度，作业前需办理什么许可证？

高处作业实行作业许可制度，作业前需办理高处作业许可证。

27. 作业人员是指高处作业的具体实施人员，安全职责主要包括哪些？

（1）在高处作业前确认作业区域、内容、时间和要求。

（2）高处作业前参加工作前安全分析，熟知作业过程中的安全风险及控制措施，并严格按照规定要求进行作业。

（3）高处作业过程中，执行高处作业许可证及操作规程的相关要求。

（4）服从作业监护人和属地监督的监管；作业监护人不在现场时，不得高处作业。

（5）发现异常情况有权停止作业，并立即报告；有权拒绝违章指挥和强令冒险作业。

（6）高处作业结束后，应清理作业现场，确保现场无安全隐患。

28. 高处作业许可流程是什么？

高处作业许可流程主要包括作业申请、作业审批、作业实施和作业关闭4个环节。

29. 高处作业安全管理内容是什么？

（1）高处作业应办理高处作业许可证，无有效的高处作业许可证严禁作业。

（2）对于频繁的高处作业活动，在具备操作规程或方案经属地单位审批确认，风险得到全面识别和有效控制的前提下，可不办理高处作业许可。

（3）高处作业许可证是现场作业的依据，只限在指定的地点和规定的时间内使用，且不得涂改、代签。

（4）坠落防护应通过采取消除坠落危害、坠落预防和坠落控制等措施来实现，否则不得进行高处作业。

（5）作业申请人、作业批准人、作业监护人、属地监督应经过相应培训，具备相应能力。

（6）高处作业人员及搭设脚手架等高处作业安全设施的人员，应经过专业技术培训及专业考试合格，持证上岗，并应定期进行身体检查。对患有心脏病、高血压等职业禁忌症，以及年老体弱、疲劳过度、视力不佳等其他不适于高处作业的人员，不得安排从事高处作业。

（7）严禁在5级以上大风和雷电、暴雨、大雾、异常高温或低温等环境条件下进行高处作业；在 30 ~ 40℃高温环境下的高处作业应进行轮换作业。

（8）高处作业中使用的安全标志、工具、仪表、电气设施和各种设备，应在作业前加以检查，确认完好后方可投入使用。

（9）高处作业应根据实际需要搭设或配备符合安全要求的吊架、梯子、脚手架和防护棚等。作业前应仔细检查作业平台，确保坚固、牢靠。

（10）供高处作业人员上下用的通道板、电梯、吊笼、梯子等要符合有关规定要求，并随时清扫干净。

（11）雨天和雪天进行高处作业时，应采取可靠的防滑、防寒和防冻措施，水、冰、霜、雪均应及时清除。暴风雪及台风暴雨后，应对高处作业安全设施逐一加以检查，发现有松动、变形、损坏或脱落等现象，应立即修理完善。对进行高处作业的高耸建筑物，应事先设置避雷设施。

30. 办理高处作业许可证应准备什么相关资料？

（1）高处作业内容详细说明。（2）工作前安全分析。（3）坠落保护计划。（4）相关安全培训证明和会议记录。

31. 高处作业许可证应包括哪些信息？

高处作业许可证应包括作业单位、作业区域所属单位、作业地点、作业等级、作业内容、作业时间、作业人员、作业监护人、属地监督、安全措施，以及批准、延期、取消、关闭等基本信息。

32. 高处作业许可证采取什么管理？

高处作业许可证采取联单式编号管理，分别放置于作业现场、作业区域所属单位及其他相关方；关闭后许可证应收回，并保存一年。

33. 作业审批主要包括哪些内容?

（1）根据作业风险，高处作业许可应由具备相应能力，并能提供、调配、协调风险控制资源的作业批准人审批。

（2）根据高处作业复杂程度和危险情况等实行高处作业授权审批。作业批准人进行书面授权后，与被授权人共同承担高处作业现场安全的主要责任。

（3）收到高处作业许可申请后，作业批准人应组织作业申请人、相关方及有关人员等进行书面审查。

（4）书面审查通过后，作业批准人应组织作业申请人、相关方及有关人员进行现场核查。

（5）书面审查和现场核查通过之后，作业批准人、作业申请人和相关方均应在高处作业许可证上签字。书面审查和现场核查可同时在作业现场进行。

（6）对于书面审查或现场核查未通过的，应对查出的问题记录在案；整改完成后，作业申请人重新申请。

（7）当作业人员、作业监护人等发生变更时，应经过作业批准人的审批。

34. 收到高处作业许可申请后，书面审查包括什么内容?

（1）确认作业的详细内容。

（2）确认作业单位资质、人员能力等相关文件。

（3）分析、评估周围环境或相邻工作区域间的相互影响，确认高处作业前后应采取的所有安全措施，包括应急措施。

35. 高处作业书面审查通过后，现场核查内容包括哪些?

（1）与高处作业有关的设备、工具、材料等。

（2）现场作业人员资质、能力符合情况。

（3）安全设施的配备及有效性，急救等应急措施落实情况。

（4）个人防护装备的配备情况。

（5）人员培训、沟通情况。

（6）其他安全措施落实情况。

36. 高处作业实施要求有哪些？

（1）高处作业实施前应当进行安全交底，明确作业风险和作业要求，作业人员应按照高处作业许可证的要求进行作业。

（2）高处作业过程中，作业监护人应对高处作业实施全过程现场监护，严禁无监护人作业。

（3）作业人员应按规定正确穿戴个人防护装备，并正确使用登高器具和设备。

（4）作业人员应按规定系用与作业内容相适应的安全带。安全带应高挂低用，不得系挂在移动、不牢固的物件上或有尖锐棱角的部位，系挂后应检查安全带扣环是否扣牢。

（5）杆上作业前认真检查电杆、脚扣、安全带、上杆钉、吊板等，确保其安全良好。

（6）上杆前必须认真检查杆根是否牢靠，如不牢靠要先加固后上杆，同时还要认真观察周围有无电力线和其他障碍物等情况。

（7）上杆后应先用试电笔对吊线及附属设施进行验电，确定不带电后再作业。

（8）杆上作业时，应妥善放置工具材料，上杆时随身携带的工具总重量不得超过 5kg。

（9）上杆后，安全带放置位置应在杆梢 50cm 以下的地方，并扣好安全带环方可作业。

（10）上有杆钉的电杆前，应先检测杆钉是否牢固。

（11）同一电杆不得两人同时上下。

（12）不允许在杆上进行紧拉线工作，在杆下紧拉线时，杆上不得有人，紧线工作完成后再上杆工作。

（13）在角杆作业时，工作人员要站在与线条拉力相反一侧，防止线条脱落将人弹伤或弹下电杆摔伤。

（14）拆除电杆，应先拆除杆上物体，再拆拉线，最后拆杆。

（15）安全带使用前应严格检查，确保牢固可靠，才能使用。如发现有折痕、弹簧扣不灵活、不能扣牢、绳索磨损和断头超过 1/10 的禁止使用。

（16）安全带的绳索不得扣结，不可单钩悬挂在吊线上，也不可吊装物件，禁止使用一般绳索代替安全带。

（17）脚扣应经常检查是否完好，特别是水泥杆脚扣上胶管和胶垫应保持完好，胶皮老化、破裂和露出胶线的应及时更换。

（18）脚扣的大小要适合电杆的粗细，切勿因不合适把脚扣扩大或拗小使用，以防上杆时折断。

（19）吊板上的吊钩磨损掉 1/4 时不得使用，坐板及连绳捆扎应牢固。

（20）坐吊板时，必须扎好安全带，并将安全带拢在吊线上，扎在腰上，严禁单钩挂在吊线上。

（21）不允许两人在同一杆挡内坐吊板工作。

（22）在 2.0/7 以下的吊线上，不准使用吊板工作。

（23）吊线终结做在墙壁上的均不得使用吊板作业。

（24）坐吊板过吊线接头时，必须用梯子，严禁身体趴在吊线上爬过，经过电杆时必须用脚扣或梯子，严禁抱杆爬过。

（25）作业人员应沿着通道、梯子等指定的路线上下，并采取有效的安全措施。作业点下方应设安全警戒区，应有明显警戒标志，并设专人监护。

（26）高处作业禁止投掷工具、材料和杂物等，工具应采取防坠落措施，作业人员上下时手中不得持物。所用材料应堆放平稳，不妨碍通行和装卸。

（27）梯子使用前应检查结构是否牢固。禁止在吊架上架设梯子，禁止踏在梯子顶端工作。同一架梯子只允许一个人在上面工作，不准带人移动梯子。

（28）禁止在不牢固的结构物上进行作业，作业人员禁止在平台、孔洞边缘、通道或安全网内等高处作业处休息。

（29）高处作业与其他作业交叉进行时，应按指定的路线上下，不得上下垂直作业。如果需要垂直作业时，应采取可靠的隔离措施。

（30）高处作业应与架空电线保持安全距离。夜间高处作业应有充足的照明。高处作业人员应与地面保持联系，根据现场需要配备必要的联络工具，并指定专人负责联系。

（31）因作业需要临时拆除或变动高处作业的安全防护设施时，应经作业申请人和作业批准人同意，并采取相应的措施，作业后应立即恢复。

37.高处作业许可证的期限是多久？

高处作业许可证的期限一般不超过一个班次。必要时，可适当延长高处作业许可期限。办理延期时，作业申请人、作业批准人应重新核查工作区域，确认作业条件和风险未发生变化，所有安全措施仍然有效。

38. 当发生什么情况时，现场所有人员都有责任立即终止作业或报告作业区域所属单位停止作业？

（1）作业环境和条件发生变化而影响到作业安全。

（2）作业内容发生改变。

（3）实际高处作业与作业计划的要求不符。

（4）安全控制措施无法实施。

（5）发现有可能发生立即危及生命的违章行为。

（6）现场发现重大安全隐患。

（7）发现有可能造成人身伤害的情况或事故状态。

39. 高处作业结束后，作业人员应如何清理作业现场？

高处作业结束后，作业人员应清理作业现场，将作业使用的工具、拆卸下的物件、余料和废料清理运走。现场确认无隐患后，作业申请人和作业批准人在高处作业许可证上签字，关闭作业许可，并通知相关方。

40. 坠落防护措施的优先选择顺序是什么？

（1）尽量选择在地面作业，避免高处作业。

（2）设置固定的楼梯、护栏、屏障和限制系统。

（3）使用工作平台，如脚手架或带升降的工作平台等。

（4）使用区域限制安全带，以避免作业人员的身体靠近高处作业的边缘。

（5）使用坠落保护装备，如配备缓冲装置的全身式安全带和安全绳等。

41. 野外工作应注意哪些事项？

（1）遇有地势高低不平的地方，切勿贸然下跳，以防跌撞扎伤。地面被积雪覆盖时，应用棍棒试探前进。

（2）在农田中工作，注意保护农作物。

（3）进入山区和草原工作时，应注意下列事项：

① 攀登山岭，不要站在活动的石块或裂缝松动的土方边缘上。

② 在一般山区要注意防火，不得点燃荒山野草。工作时，禁止吸烟，休息时吸烟，要将烟头和火柴余火熄灭。烤火、热饭前应铲除周围一切枯草。肩挑火炉时，应将火炉放在前面，并注意勿使炭火落下，以免发生火灾。在护林防火区内，应遵守当地政府规定，严禁烟火。

③ 必须熟悉工作地区的环境，向当地群众了解哪些地方生长有毒植物或毒蛇，以便引起注意。必要时，应戴防护手套、眼镜，并绑扎裹腿，以防止各种动植物的伤害。

④ 注意猎人设置的捕兽陷阱或器具，不要触碰或玩弄。勿食不知名的果实或野菜，并不得喝生水，防止受伤和中毒。

⑤ 在已知野兽经常出没的地方行走和住宿时，特别注意防止野兽的侵害。夜晚查修线路障碍时，至少要有两人并携带防护用具，或请当地民兵协助。

（4）在水田、泥沼中工作时及过一般河流小溪时注意下列要求：

① 在水田和泥沼地带长时间工作时，须穿长筒胶靴以防吸血动物，如蚂蟥咬伤。

② 在未弄清河水的深浅时不得涉水过河。因工作需要涉渡河流小溪时，应以竹竿探测前进。不得任意下河洗澡、游泳。

③ 洪水暴发时，禁止游泳过河。在冰的承载力不够或融冰季节禁止从冰上通过。

④ 在船只和木排上工作时，要有熟悉水性的工作人员负责安全工作，并备有救生用具。遇到有风浪惊险或在急

流、旋涡的水道上航行时，应听从管船人员的指挥。

（5）在铁路沿线工作，注意下列要求：

① 不许在铁轨、桥梁上休息、睡觉或吃饭。

② 路基边有人行道时，不要在铁轨当中行走。在双轨的路基上，应在面向火车行进方向的一侧行走，绝对不准在双轨中间行走。火车走近时，应停止前进，并注意防止被列车及其所载运的货物剐伤或被火车掉下的东西砸伤，等火车过去后再继续前进。

③ 携带较长的工具时，工具一定要与路轨平行。

（6）野外工作应根据不同地区，携带防毒及解毒药品，以备应急使用。

（7）架设帐篷时，应选择安全、合适的位置，注意山洪和泥石流的危害。

42. 使用梯子应注意什么？

（1）梯子靠在墙壁、吊线上使用时，梯子上端的接触点与下端支持点间水平距离，应等于接触点和支持点距离的 1/4 ～ 1/3。当梯子靠在吊线时，梯子上端至少应高出吊线 30mm，不能大于梯子的 1/3（梯子顶部装双铁钩的除外）。靠在电杆上的梯子上端应绑扎一半圆形铁链环，或用绳将梯子上端挂在电杆上，以防止梯子滑动、摔倒。

（2）上下较高及竖立地点容易滑动和有被碰撞可能的梯子，必须要专人扶梯。

（3）在有架空电线和其他障碍物的地方，不要举梯移动。

（4）在梯子上操作时，不得用力过猛，以防发生危险。

（5）梯子所靠着的支持物必须坚固，并能承受梯上最大的负荷。

（6）在梯子上工作，不能一脚踩在梯上，另一脚放在其他物上面，或用脚移动梯子。

（7）折叠梯、伸缩梯只适用于上下人孔或沿墙使用。在使用前必须检查逐个节扣，确认牢固，方可攀登。

43. 简述使用脚扣的注意事项。

（1）经常检查是否完好，勿使过于滑钝和锋利，脚扣带必须坚韧耐用，脚扣蹬板与钩处必须铆固。

（2）脚扣的大小要适合电杆的粗细，切勿因不适合用而把脚扣扩大窝小，以防折断。

（3）水泥杆脚扣上的胶管和胶垫根，应保持完整，破裂露出胶里线时应予更换。其他同一般脚扣要求。

44. 短距高采用滚筒等撬运、拉运笨重器材时，应注意哪些事项？

（1）物体下所垫滚筒（滚杠），须保持两根以上，如遇软土，滚筒下应垫木板或铁板，以免下陷。

（2）撬拉点应放在物体允许承力位置，滚移时要保持左右平衡，上下应注意用三脚木等随时支垫或用绳徐徐拉住物体。

（3）应注意滚筒和物体移动方向，听从统一指挥，脚不可站在滚筒运行的一侧，以免不慎压伤。

45. 装运杆材应注意什么？

（1）汽车装运杆材时，杆材平放在车厢内的，一般根向前，梢向后，装运较长电杆时，车上应装有支架，尽量使杆料重心落在车厢中部。用两只捆杆器将前后车架一齐拴住（如无捆杆器，则用绳捆绑紧，勿使活动）。严禁杆材超出车厢两侧，以免行车时发生剐碰事故。

（2）用板车装杆，应先垫好支架，随时调整板车前后重量的平衡，逐杆架起，用绳捆绑撬紧；卸车时用木枕或石块塞住车轮前后，并稳住牲畜。

（3）凡用车驾运杆，无论汽车、板车，杆上不能坐人。

（4）装卸杆料时，应检查杆料有无伤痕，如有折断现象，应予剔除。

（5）卸车送捆时，应逐一进行，不可全部解开，以防电杆从车厢两边滚下，发生危险。

（6）卸车时，不可将杆直接由车上向地面抛掷，以免摔伤杆材。

（7）沿铁路抬运杆料，严禁放在轨道上或路基边道的里侧。停留休息时，要选择安全的地方。抬运杆料器材需通过铁路桥梁，须事先取得铁路桥驻守人员的同意。

（8）堆放电杆应使梢、根各在一头排列整齐平顺，杆堆两侧应用短木或石块塞住，以免滚塌。电杆排列时，木杆最高不得超过 6 层，水泥杆不超过 2 层并且垫木要平放，堆完后用铁线捆牢，以免杆堆受震塌散，伤人损材。

46. 骨折应如何处理？

主要是限制肢体活动，保持骨折局部的静止状态，避免骨折移位及骨折残端刺破组织及血管等，可使用小夹板将局部骨折处固定。使用小夹板时，应用棉花或海绵等软垫垫好夹板接触处，以免压坏皮肤。对开放性骨折应先将局部做无菌处理，如用消毒液、高锰酸钾液、盐水或凉开水等冲洗后用消毒液纱布包好，再用夹板固定，不要将暴露在外边的骨头还纳过去，以免感染。对有剧烈疼痛者，应给予止痛药处理，经上述处理后病人用担架平稳护送医院。

47. 冻伤应如何处理？

（1）冻伤是因外界过于寒冷，使得人体的体温无法调节而引起的病变。处理冻伤的基本原则是尽可能缩短身体组织受冻的时间，应在室内赶快加高温度到 37℃ 左右，严重者应有专人看护，或将受冻部位放在 35～36℃ 的水中，也可用温湿布包裹，给病人喝些热水，必要时注射强心剂等。

（2）冻伤发生水泡时，不要弄破，可以在上面盖有油的纱布或涂抹油剂。没有油剂时用干纱布也可，之后再缠上绷带。轻的冻伤，局部可涂酒精、碘酒等物。如身体上冻疮已化脓，可用 3% 硝酸银软膏或 80% 蜂蜜及 20% 猪油或獾油混合膏涂布包裹之。

（3）疲劳过度、饥饿或身体很虚弱以及酒醉等人的身体，长时间暴露在寒冷中，会发生冻僵或冻死。病人先是感觉寒冷疲倦，四肢疼痛，口唇手指发青紫色，之后体温下降、呼吸微弱、脉搏细小、神志模糊、全身麻木，全身各器官机能渐失，变为僵硬，直至转入假死状态，若长时间暴露在寒冷中，便被冻死。急救的方法是搬运要绝对小心，不可上下颠簸，慢慢搬起病人，移到一间没有风而暖和的房间内，解松或剪开病人的衣服，在各个变硬的冻伤部分，用温湿布包裹，逐渐增加温度，以达到 30℃ 为止。当病人四肢能屈曲及体温恢复时，可用干布将全身擦干，用毯或被包裹，然后抬高患肢，任他安卧。病人能够下咽时，可给予温茶或咖啡等饮剂。有条件者，可内服温通血脉的中草药，如当归四逆汤：桂枝、当归、赤芍、大枣各 10g，通草、炙甘草各 6g，细辛 3g，煎服。

第三部分
基本技能

 操作技能

1. 使用光时域反射仪测量光纤衰减。

准备工作：

（1）正确穿戴劳动保护用品。

（2）工用具、材料准备：OTDR 测试仪 1 台，测试尾纤（FC/APC—FC/PC），记录纸，记录笔。

操作程序：

（1）检查仪表的附件。

（2）开启电源，进行自检。

（3）确认待测光纤无光，检查光纤对端没接入其他设备、仪器。

（4）清理待测光纤，将待测光纤正确插入 OTDR 的耦合器内。如果待测光纤没有连接到 ODF 架，还需要重新制备端面，再连接到仪表的耦合器。

（5）用刷新（实时）状态估测链路长度（距离范围设置为 80km），同时横向放大一挡，轻微调节连接头，使曲线起始端反射在纵向高度尽量高，拖尾最短最平滑。

（6）设置 OTDR 的参数，应根据仪表性能的不同，结合测试的具体情况进行。

（7）开启激光。经过一定时间优化，关闭激光器，对测量曲线进行分析。

（8）如需要备份曲线，选择"存储空间"—"命名轨迹"—"存储轨迹"即可。

（9）如需要提取曲线，选择"存储空间"—"找到轨迹"—"调出轨迹"即可。

（10）如需要打印曲线，选择"需要数值"—"放大打印部位"—"打印"即可。

2. OTDR 参数设置。

准备工作：

（1）正确穿戴劳动保护用品。

（2）工用具、材料准备：OTDR 测试仪 1 台，测试尾纤（FC/APC—FC/PC）。

操作程序：

（1）设置波长：波长一般常用 1310nm、1550nm，可根据要求选择。

（2）设置折射率：按已知设置，1310nm 可设为 1.4670，1550nm 可估设为 1.4678。

（3）设置测试的范围：按估测长度的 1.5 倍近似设置。

（4）设置脉宽：单盘 100ns，40km 以下推荐 300ns，50 ～ 80km 推荐 500ns，80km 以上推荐 1000ns，可用反射峰的尖锐度来简单判断脉宽的设置情况，有时链路衰减过大可选用高一级脉宽。

（5）设置测量模式：一般设为平均，可观察曲线优化情况随时关闭激光器，或设定时间自动关闭。

（6）设置事件门限：非反射事件门限设为 0dB 或根据需要设置，反射门限根据需要设置。

3. OTDR 的保养。

准备工作：

（1）正确穿戴劳动保护用品。

（2）工用具、材料准备：OTDR 测试仪 1 台。

操作程序：

（1）注意存放、使用环境要清洁、干燥、无腐蚀。

（2）光耦合器连接口要保持清洁，在成批测试光纤时，尽量采用过渡尾纤连接，以减少直接插拔次数，避免损坏连接口。

（3）光源开启前确认对端无设备接入，以免损坏激光器或损坏对端设备。

（4）尽量避免长时间开启光源。

（5）长期不用时每月做通电检查。

（6）专人存放、保养，做好使用记录。

4. 使用光纤熔接机熔接光纤。

准备工作：

（1）正确穿戴劳动保护用品。

（2）工用具、材料准备：光纤熔接机（规格 60s）1 台，光缆（规格 24 芯、10m），光缆接头盒 1 套，光纤热熔管（规格不锈钢棒式）、酒精棉若干，光缆剖刀 1 把，涂层切割刀 1 把，光纤切割刀 1 把，断线钳 1 把，克丝钳 1 把，平口螺丝刀 1 把，十字形螺丝刀 1 把。

操作程序：

（1）制备光纤。

①在离光缆一端 40cm 处使用光缆剖刀去掉外皮。

②剪断钢筋。

③使用螺丝刀打开光缆接头盒，将光缆固定在接头盒内。

④剥去光纤护套，用酒精棉擦拭多余保护硅油。

（2）选择熔接、加热模式。

①打开熔接机电源，选择单模光缆熔接 V 形槽。

②选择熔接模式，自动模式（AUTO）或 SM 模式。

③选择加热模式 60mm，FP-03。

④设置热熔管定位设备，将滑动标尺滑到 60 位置。

（3）熔接光纤。

①套好热熔管，剥去涂层，预制纤芯 30～40mm，并用酒精棉擦去表面杂质。

②把准备好的光纤放置在 V 形槽上。

③将光纤夹具夹好，关闭防风罩，纤芯进行熔接。

④接头损耗值不大于 0.05dB。

⑤放入热炉内热塑，塑好后，取出光纤待盘。

（4）将纤芯盘好在光缆接头盒内，上紧接头盒。

（5）收拾工具，清理现场。

5. 熔接机的维护与保养。

准备工作：

（1）正确穿戴劳动保护用品。

（2）工用具、材料准备：光纤熔接机（规格 60s）1 台，酒精棉若干。

操作程序：

（1）熔接机在日常的使用过程中，当发生故障报警时，可以看到两边的光纤错位，光纤的偏移量过大。如果是可以调芯的四马达或六马达机器，可以通过 V 形槽的动作来修正错误，但如果是不能调芯的两马达机器或者带状熔接机，就会直接报警，不能继续熔接，这个时候就需要用酒精棉清洁 V 形槽。

（2）由于 V 形槽内残留了垃圾，导致光纤放置之后左右不在一个水平直线上，这时候不能调芯的话，就无法完成熔接。即使是可以调芯的机器，V 形槽内的垃圾数量过多也会导致马达超行程无法对芯，或者缩短机器的使用寿命。

（3）清洁 V 形槽之后可以对比清洁前后的效果，另外也可以同时清洁上方的光纤压脚。经常清洁 V 形槽可以大大提高日常熔接工作中的效率以及降低熔接后的损耗，并可有效地延长熔接机的使用寿命。

6. 使用场强仪测试数字信号各项指标。

准备工作：

（1）正确穿戴劳动保护用品。

（2）工用具、材料准备：场强仪（德利 DS2100）1 台，测试电缆（两端都是 F 头，长度 1m），数字信号源 1 个，记录纸，记录笔，F 头对接头（ZZY）。

操作程序：

（1）连接信号源。

① 打开场强仪预热，调节到数字信号测量模式。

② 连接数字信号源。

（2）测量。

① 输入测试频率，测量信号电平、带内平坦度、调制误差率、误码率并记录。

② 重复上述步骤，测试多个频点并记录。

（3）收拾工具，清理现场。

7. 使用可见光源判断光纤纤序。

准备工作：

（1）正确穿戴劳动保护用品。

（2）工用具、材料准备：尾纤（10m，一端 FC/APC、另一端无头）5 条，转换尾纤（1m，一端 FC/APC、另一端 FC/PC）1 条，法兰盘（FC/APC–FC/APC）1 个，无水乙醇 1 瓶，脱脂棉 1 包，线标若干，可见光源 1 台以上。

操作程序：

（1）使用酒精棉擦拭转换尾纤连接头。

（2）连接转换尾纤，一端连接到可见光源，一端连接法兰盘。

（3）使用酒精棉擦拭五条尾纤连接头。

（4）等待酒精挥发 5s 后，连接被测尾纤。

（5）打开可见光源电源。

（6）使用 5 条尾纤中的一条尾纤与法兰盘连接。

（7）在 5 条尾纤无连接头的一端查找有可见光的一条。

（8）使用线标在尾纤两端做同样标记。

（9）使用 4 条尾纤中的一条尾纤与法兰盘连接。

（10）在 5 条尾纤无连接头的一端查找有可见光的一条。

（11）使用线标在尾纤两端做同样标记。

（12）使用 3 条尾纤中的一条尾纤与法兰盘连接。

（13）在 5 条尾纤无连接头的一端查找有可见光的一条。

（14）使用线标在尾纤两端做同样标记。

（15）使用 2 条尾纤中的一条尾纤与法兰盘连接。

（16）在 5 条尾纤无连接头的一端查找有可见光的一条。

（17）使用线标在尾纤两端做同样标记。

（18）在最后一条尾纤做标识。

（19）关闭可见光源。

（20）收拾工具，清理现场。

8. 安装模块化光发射机。

准备工作：

（1）正确穿戴劳动保护用品。

（2）工用具、材料准备：光发射模块（1310nm）1 块，光传输平台 1 台，电源模块 1 块，尾纤若干，数字万用表 1 块，光功率计 1 块，场强仪 1 块，一字形螺丝刀 1 把，十字形螺丝刀 1 把，扳手 1 把，克丝钳 1 把，斜口钳 1 把，记录纸 1 张，记录笔 1 支。

操作程序：

（1）设备固定。

选择平台插槽安装固定光发射模块（1310nm）、光传输平台、电源模块。

（2）设备加电。

① 测试电源电压。

② 接通设备电源。

（3）制作射频电缆。

① 制作射频信号电缆。

② 测试电缆。

（4）调测信号源电平。

① 使用光功率计测试射频信号的电平值。

　　② 选择适当的无源器件，使用场强仪、光功率计测试衰减信号。

　　③ 连接无源器件，使用数字万用表测输出电平。

　　(5) 调试光发射机。

　　① 输入光发射机信号。

　　② 在发射机输入检测口测试输入信号的电平。

　　③ 调整光发射机输入衰减。

　　④ 测试光发射机输出光功率。

　　⑤ 记录测试数值。

　　(6) 连接链路。

　　用尾纤与链路连接。

　　(7) 使用一字形螺丝刀、十字形螺丝刀、扳手、克丝钳、斜口钳固定线缆并整理线缆。

　　(8) 收拾工具，清理现场。

9. 使用寻线仪。

　　准备工作：

　　(1) 正确穿戴劳动保护用品。

　　(2) 工用具、材料准备：寻线仪 1 个，网络电缆 1 根、电话电缆 1 根、金属电缆 1 根。

　　操作程序：

　　(1) 将需要查找的网络电缆、电话电缆、金属电缆插入发射器，然后将发射器的按钮拨到寻线状态，进行寻线查找，当设备发出"滴滴"声时，电缆位置确定。

　　(2) 寻线功能是在许多线中快速找到所需的线，适用于 RJ45 接口和 RJ11 电话线接口。对于其他金属线，可以通过鳄鱼夹适配器进行转移，以达到目的。

10. 故障探测仪的使用。

准备工作：

（1）正确穿戴劳动保护用品。

（2）工用具、材料准备：故障探测仪 1 台，探测架，接收机。

操作程序：

（1）将信号发生器输出端接在光缆金属加长芯上，信号发生器接地端在光缆线路路由的反方向接地。

（2）选择合适的频率挡位。

（3）选择绝缘测量模式。

（4）打开开关放音，这时故障光缆上就有信号存在。

（5）将接收机电源打开。

（6）将接收机方式选择开关放于"故障"挡。

（7）将频率选择开关置于"匹配"挡位。

（8）将探测架插头插入连接插座。

（9）一手拿着接收机，一手拿着探测架，探测架绿腿在前，当沿光缆路由前进时，接收机能听到断续音频信号，走几步把探测架在光缆路由的地面上插下，表针左右摆动无稳定状态，则说明无故障，继续前行。

（10）当逐渐接近故障点时表头摆幅逐渐加大，当表针由绿色区域突然转换成红色区域时表示已过故障点，再把探测架返回插一下，直到表针又指向绿色区域，这样往返数次直到探测架前后移动几厘米的距离，表头指针就从绿区偏向红区（或从红区偏向绿区），故障点就应在两探针正中间的地下。

11. 使用视频工程宝对模拟高清摄像头进行综合指标测试。

准备工作：

（1）正确穿戴劳动保护用品。

（2）工用具、材料准备：视频工程宝1台，模拟高清摄像头1个，同轴连接线1条，记录纸，记录笔。

操作程序：

（1）打开视频工程宝测试仪，进入模拟高清摄像机测试模式。

（2）连接测试线缆，同轴线一侧连在视频工程宝测试仪的模拟输入口上。

（3）点击"开始测试"键，仪表将实时检测并显示视频电平的峰值、同步和突发电平值，读取测试线缆电平值，与参考值相比较，记录同轴电缆各项电平值。

（4）收拾工具，清理现场。

12. 使用视频工程宝检测 BNC 线缆衰减值。

准备工作：

（1）正确穿戴劳动保护用品。

（2）工用具、材料准备：视频工程宝1台，BNC测试线缆2根，待测试线缆1根，记录纸，记录笔。

操作程序：

（1）打开视频工程宝测试仪，进入线缆测试模式。

（2）连接测试线缆，将两根鳄鱼夹线分别接入仪表顶部"VIDEO IN"和"OUT"接口上。

（3）鳄鱼夹线红—红，黑—黑夹子对接，点击"校准"。

（4）校准后将待测 BNC 线缆接入视频工程宝，仪表将实时检测线缆的传输衰减。读取测试线缆电平值，与参考值相比较，记录同轴电缆衰减电平值。

（5）收拾工具，清理现场。

13. 无线网桥智能 900M 点对点透传网络设置。

准备工作：

（1）正确穿戴劳动保护用品。

（2）工用具、材料准备：无线网桥 1 对（含 POE 电源模块），计算机 1 台，网线 5 根，十字形螺丝刀 1 把。

操作程序：

（1）连接网桥线缆。

① 连接 1 个网桥的 POE 电源和 Lan 口网线，将开关设置为"主"。

② 连接另 1 个网桥的 POE 电源和 Lan 口网线，将开关设置为"从"。

③ 将计算机网口与主网桥 Lan 口连接。

（2）设置计算机网口网络参数。

（3）登录设置主网桥。

① 打开网桥默认地址，输入用户名和密码登录主网桥。

② 设置内网指定 IP 地址参数。

③ 设置无线网桥名称、加密方式和连接密码等参数。

④ 查看工作模式并保存重启。

（4）登录设置从网桥。

① 打开网桥默认地址，输入用户名和密码登录从网桥。

② 设置内网指定 IP 地址参数。

③ 进入中继设置，搜索无线网桥，选择要连接的网桥，输入正确的加密方式和连接密码等参数，打开"点对点透传"开关。

④ 查看工作模式并保存重启。

(5) 重新检查连接线。

(6) 计算机进行网桥外网络透传测试。

(7) 收拾工具,清理现场。

14. 设置大华网络摄像头联网参数。

准备工作:

(1) 正确穿戴劳动保护用品。

(2) 工用具、材料准备:大华网络摄像头 1 台(含电源),计算机 1 台,网线 1 根,记录纸,记录笔。

操作程序:

(1) 设置计算机网口 IP 地址。

(2) 连接计算机与摄像头线缆。

(3) 打开摄像头默认地址,输入用户名和密码登录。

(4) 进入"视频"项,设置相应的"视频码流"参数。

(5) 进入"网络设置"项,修改相应的 IP 地址网络参数。

(6) 进入"系统设置"项,修改"用户管理"中的用户登录密码。

(7) 保存设置好的参数,重启摄像头。

(8) 收拾工具,清理现场。

15. 大华 NVR 硬盘录像机初始化前端摄像头设置。

准备工作:

(1) 正确穿戴劳动保护用品。

(2) 工用具、材料准备:大华摄像头 3 台(含电源),大华 NVR 硬盘录像机 1 台,显示器 1 台,网线 5 条,交换机 1 台。

操作程序：

（1）连接 NVR 主机、交换机、摄像头线缆。

（2）创建手势密码。

（3）设置预留手机号码和密保问题。

（4）进入"设置"—"网络设置"，选择要设置的"网卡"号，点击"修改"，将默认 IP 地址改为需要设定的 IP 地址、子网、网关等，点击"确定"。

（5）进入"相机设置"—"远程设备"，点击"搜索"按钮，选择搜索到的网络摄像头，再点击"初始化"按钮激活相应的网络摄像头。

（6）修改要进行初始化的摄像头的相应参数，点击"确定"保存，此时连接状态由红色球转变为绿色球，初始化完成。

16. NVR 硬盘录像机设置大华网络球机摄像头预置点。

准备工作：

（1）正确穿戴劳动保护用品。

（2）工用具、材料准备：大华网络球机摄像头 2 台（含电源），NVR 硬盘录像机 1 台，网线 3 条，显示器 1 台，交换机 1 台。

操作程序：

（1）输入用户名和密码或手势密码登录 NVR 设备。

（2）选择要设置预置点的视频通道。

（3）先通过云台控制摄像头调整到要设置成预置点的图像位置。

（4）进入"云台控制"项，选择"▶"中的"✿"设置项，多次快速点击"设置"按钮，直到视频通道中出现闪动的"预置点 1"时，设置成功。

17. 安装北斗定位终端前车辆的检查作业。

准备工作：

（1）正确穿戴劳动保护用品。

（2）工用具、材料准备：车 1 辆，安装登记表 1 份。笔 1 支。

操作程序：

（1）检查车辆前挡风玻璃是否有破损、裂痕等常见问题。

（2）检查车头的所有灯光是否正常点亮。

（3）检查中控台的仪表盘功能是否正常、灯光点亮是否正确等。

（4）检查中控台内的其他设备是否能正常工作，如收音机、电视、话筒、原 GPS 等设备的工作状态。

（5）检查中控台表面有无损毁等，将以上检查的内容清楚记录到安装登记表的安装前检测记录内容中。如有异常的还需要由司机现场签字确认，方可进行下一步安装操作。

18. 北斗定位终端 SIM 卡安装。

准备工作：

（1）要安装的 SIM 卡。

（2）要安装的设备。

操作程序：

（1）打开终端底部的 SIM 卡盖。

（2）打开 SIM 卡座，将 SIM 卡插入卡座内，合上卡座扣紧。

（3）盖上 SIM 卡盖，用螺丝拧紧。

19. 有线压力变送器的安装。

准备工作：

（1）有线压力变送器1台。

（2）扳手、螺丝刀、电线钳、电工胶布。

操作程序：

（1）检查。

① 核对有线压力变送器的型号及参数。

② 在使用前请先按面板上的任意按键唤醒仪表，被唤醒的仪表会显示当前压力值或"0"。

③ 压力传感器膜片为有线压力变送器的关键元件，其损伤将直接影响压力变送器的正常工作，请在安装前仔细检查压力传感器膜片表面是否存在变形、穿孔及污垢。

（2）接线。

① 使用扳手、螺丝刀和电线钳拆卸电子外壳，按照拆卸下的电子外壳内部的标示正确接线，"+"接电源的"24V+"，"－"接电源的"24V－"，并使用电工胶布固定。

② 确保正确接地。

20. 有线温度变送器的安装。

准备工作：

（1）有线温度变送器1台。

（2）卷尺、开口器、扳手、螺丝刀、电工胶布。

操作程序：

（1）使用卷尺测量温度变送器法兰或者螺纹螺牙的尺寸，加工配套好法兰或者螺纹底座。

（2）根据法兰或者螺纹底座的尺寸，使用开口器在需要测量的管道上开孔。

（3）使用扳手和螺丝刀把法兰座或者螺纹底座插入已

开好的孔内，与被测量管道焊接好。

（4）把温度变送器用螺栓紧固或者螺纹旋进已焊接好的螺纹底座。

（5）按照接线图将温度变送器的接线盒接好线，使用电工胶布与表盘上相对应的显示仪表连接。注意接线盒不可与被测介质管道的管壁相接触，保证接线盒内的温度不超过60℃。接线盒的出线孔应防止因密封不良、水汽、灰尘等进入沉积造成接线板及端子短路。

（6）温度变送器安装的位置，应考虑检修和维护方便。

21. 无线温度变送器的数据配置。

准备工作：

无线温度变送器1台。

操作程序：

（1）在仪表正常测量状态下，长按"R"键3s左右，液晶显示屏变为菜单SE-1。

（2）按"S"键确认进入SE-1，进入TS设置界面。

（3）按"S"键，进入设置仪表数据发送周期，再次按"S"键进入修改状态，设置为10s，完成后按"R"键确认。

（4）按"+1"键，切换至菜单Zb，按"S"键，进入组号设置，根据现场情况配置，完成后按"R"键确认。

（5）按"+1"键，切换至菜单ID，按"S"键，设置仪表网络ID（须与RTU的PAN ID一致），配置完成后按"R"键确认。

（6）按"+1"键，切换至菜单SO，按"S"键，设置仪表无线通信休眠模式，设置为"4"。

（7）按"+1"键，切换至菜单EE，按"S"键，设置仪表加密，"0"为不加密，"1"为加密，配置完成后按"R"键确认。

（8）按"+1"键，切换至菜单 E1，按"S"键，设置仪表连接密码，设置与 RTU 的连接密钥，十六进制，配置完成后按"R"键确认。

（9）按"+1"键，切换至菜单 CH，按"S"键，设置仪表信道号为现场使用的信道号，配置完成后按"R"键确认。

22.无线压力变送器的数据配置。

准备工作：

无线压力变送器 1 台。

操作程序：

（1）左键选择 SUB1 菜单，中间键选择 SUB2 菜单，右键确定进入 SUB2 菜单配置。进入 SUB2 菜单选择进入密码，输入 1234，点击右键确认。

（2）进入菜单 2-1，通道号 11（根据现场实际应用填写）。

（3）进入菜单 2-2，设置仪表网络 ID（须与 RTU 的 PAN ID 一致，案例配置 PAN ID：1725）。

（4）进入菜单 2-4，油压设置为"1"，套压设置为"2"。

（5）进入菜单 2-6，加密开关"0"为不设置密码，"1"为设置密码。

（6）进入菜单 2-7，通信密钥设置与 RTU 的连接密钥，为十六进制（配置 11）。

（7）进入菜单 2-9，周期设置 10s。

（8）进入菜单 2-13，选择无线开关设置，"1"为打开无线开关，"0"为关闭无线开关。

（9）按左键退出，右键确认退出。

 常见故障判断处理

1. 光电收发器 Power 灯闪亮，网卡灯常亮，故障原因是什么？如何处理？

故障原因：

（1）光电收发器的电源变压器故障。

（2）光电收发器加不上电。

处理方法：

（1）更换光电收发器的电源变压器。

（2）光电收发器损坏，更换新光电收发器。

2. 光电收发器光路 RLK 灯不亮的原因是什么？如何处理？

故障原因：

（1）光电收发器故障。

（2）光路收光链路发生故障。

处理方法：

（1）更换新的光电收发器。

（2）测试光纤链路接收光反指标，重新熔接光链路。

3. 光电收发器电路 TLK 灯不亮的原因是什么？如何处理？

故障原因：

（1）光电收发器故障。

（2）光路发光链路发生故障。

处理方法：

（1）更换新的光电收发器。

（2）测试光纤链路接发光指标，重新熔接光链路。

4. 光电收发器网络丢包严重的原因是什么？如何处理？

故障原因：

（1）光电收发器的光信号衰减。

（2）光电收发器过热，性能下降。

处理方法：

（1）测试光纤信号收发指标，更换尾纤。

（2）光电收发器长期运行损坏，更换新光电收发器。

5. 光电收发器工作一段时间后死机，重启后恢复正常的原因是什么？如何处理？

故障原因：

（1）光电收发器电源不稳出现问题。

（2）光电收发器长期运行，性能指标下降。

处理方法：

（1）用万用表测试光电收发器的电源变压器，更换电源。

（2）更换光电收发器。

6. 光信号正常，光电转换模块测试口的测试电平过低的原因是什么？如何处理？

故障原因：

光电转换模块测试口的测试电平过低，光电转换模块出现问题。

处理方法：

更换光电转换模块。

7. 光工作站的光工作指示灯告警或闪烁，光站无输出的原因是什么？如何处理？

故障原因：

(1) 光传输信号过低。

(2) 光缆受到损伤。

处理方法：

(1) 调整光工作站传输的光信号电平值。

(2) 确定光缆受损位置，更换掉损坏的光缆。

8. 模拟摄像头电源灯常亮，云台指示灯在控制时回应闪亮，独立云台不受控制的原因是什么？如何处理？

故障原因：

(1) 独立云台控制继电器损坏。

(2) 独立云台控制板损坏。

处理方法：

(1) 修复独立云台控制继电器。

(2) 更换损坏的独立云台控制板。

9. IPC 摄像头不能保存日期和时间参数的原因是什么？如何处理？

故障原因：

(1) 摄像头内部存储电池失效。

(2) IPC 摄像头内部存储器故障。

处理方法：

(1) 更换内部存储电池。

(2) 更换 IPC 摄像头主控板。

10. 模拟摄像头图像出现大量噪点和水波纹的原因是什么？如何处理？

故障原因：

(1) 传输的同轴电缆出现故障。

（2）同轴传输电缆附近出现交流电干扰。

处理方法：

（1）确定同轴电缆的衰减位置，更换屏蔽层腐蚀严重的部分损坏的线缆。

（2）同轴传输电缆与电磁干扰源保持1m以上的安全距离。

11. 萤石云网络摄像头不能调取回放视频的原因是什么？如何处理？

故障原因：

（1）萤石云网络录像功能未开启。

（2）网络摄像头未安装内存卡。

（3）网络摄像头内存卡损坏。

处理方法：

（1）开启网络云录像功能。

（2）安装网络摄像头内存卡。

（3）更换损坏的摄像头内存卡。

12. POE摄像头无图像，网口指示灯不亮的原因是什么？如何处理？

故障原因：

（1）POE传输网线有损伤。

（2）网线接头存在接触不良情况。

（3）POE摄像头供电器损坏，不供电。

处理方法：

（1）更换损坏的POE传输网线。

（2）重新压制POE网线头。

（3）更换损坏的POE电源供电器。

13.网络球机摄像头不停旋转的原因是什么？如何处理？

故障原因：

（1）网络摄像头云台控制部件损坏。

（2）NVR 硬盘录像机控制参数改变。

处理方法：

（1）更换损坏的摄像头云台控制板。

（2）取消 NVR 硬盘录像机通道设置的自动巡航功能。

14.网络能 Ping 通 NVR 设备，但是大华摄像头不能通过注册功能连接到 NVR 主机的原因是什么？如何处理？

故障原因：

（1）摄像头注册参数与 NVR 主机不符。

（2）网络防火墙设备规则阻拦。

处理方法：

（1）修改摄像头注册参数与 NVR 主机相匹配。

（2）打开网络防火墙主动注册端口，允许数据通过。

15.北斗定位终端设备不能正常使用的原因是什么？如何处理？

故障原因：

（1）设备位于信号接收不良的地区，如高楼林立、地下停车场等地方。

（2）安装连接电路问题或熔断丝烧坏。

处理方法：

（1）到信号接收良好的地方，就可以正常接收信号。

（2）检查连接电路，更换熔断丝。

16. 北斗定位终端设备无法连接到网络的原因是什么？如何处理？

故障原因：

(1) 定位器未插卡。

(2) SIM 卡金属片上有污物。

(3) SIM 卡无效。

(4) 超出 GSM 服务区域。

(5) 信号弱。

处理方法：

(1) 插卡。

(2) 用干净的布擦除污物。

(3) 联系网络服务供应商解决。

(4) 移动到网络服务商的服务供应区域。

(5) 移动到信号强的地方使用设备。

17. 北斗定位终端设备无法开机的原因是什么？如何处理？

故障原因：

(1) 无线设备电池的电量耗尽。

(2) 有线设备接线不良。

处理方法：

(1) 及时更换电池或充电。

(2) 重新检查并连接设备路线。

18. 北斗定位终端设备造成车辆在行驶中轨迹离线的原因是什么？如何处理？

故障原因：

(1) 设备关机或断电。

(2) 设备无信号。

（3）SIM 卡欠费。

处理方法：

（1）开机或通电。

（2）现场检查卡槽有没有松动，重新插一下卡。

（3）车到了有信号的地方，卡会自动通畅。

（4）及时充值缴费。

19.北斗定位终端设备无法充电的原因是什么？如何处理？

故障原因：

（1）充电电压与充电器标注范围不符。

（2）充电器插头接触不良。

（3）设备充电没有采用标准的充电器。

处理方法：

（1）使用与充电器标注一致的电压。

（2）重新插一下充电器。

（3）使用设备原厂配置的充电器。

20.北斗定位终端设备不定位的原因是什么？如何处理？

故障原因：

（1）定位天线与北斗定位终端连接松动、脱落、损坏。

（2）北斗定位终端内置的定位模块损坏。

（3）信号被遮挡屏蔽。

处理方法：

（1）拧紧天线、重新安装天线、更换天线。

（2）把终端返厂维修。

（3）把车开到空旷的地方，看是否有改善，若还是不定位，则需要返厂检测。

21. 北斗定位终端设备无法聆听的原因是什么？如何处理？

故障原因：

（1）设备未设置 SOS 号码。

（2）SIM 卡未开通使用权。

处理方法：

（1）设置 SOS 号码。

（2）联系运营商开通 SIM 卡的使用权。

22. 北斗定位终端设备回放没有轨迹的原因是什么？如何处理？

故障原因：

信号弱。

处理方法：

先调整安装位置再观察，如定位回放仍然没有轨迹，直接联系商家解决问题。

23. 北斗定位终端造成车辆轨迹在车辆从未行驶的线路上出现（也称为"飘移"）的原因是什么？如何处理？

故障原因：

信号弱。

处理方法：

调整北斗定位终端的定位天线和 4G 天线在车内的摆放位置，或把车辆驶离当前信号干扰屏蔽区域。

24. 北斗定位终端设备显示过期或欠费的原因是什么？如何处理？

故障原因：

定位器服务平台的使用期限到了。

处理方法：

向服务商缴纳平台使用费。

 ## 故障经验分享

1. 当在机房 ODF 架端或光缆交接箱端用 OTDR 测试光缆指标时，经常出现测不出来，仪表显示没有曲线的情况，当遇到这样的问题时可采取以下方法。

（1）重启 OTDR 光时域反射仪。

（2）更换托盘内法兰盘。

（3）用红光笔测试托盘内热熔管的中间熔接部位是否有漏光现象。

（4）更换托盘内尾缆。

2. 当前端发射机出现故障时，更换新的发射机后输出光正常但没有误码率，应检查以下几个方面。

（1）检查射频线连接是否牢靠。

（2）检查连接尾纤的磁芯处是否有污垢并及时用酒精擦拭。

（3）如果更换的发射机输出指标不够，可通过前置放大器输出口进行连接分配。

3. 在维修大华摄像头时，常常会遇到因用户忘记摄像头登录密码，而使摄像头提示拒绝连接的情况，可采取以下方法。

（1）通过摄像头查询预留的手机号码并发送短信，使用"大华客户服务"公众号扫描 Web 端二维码，接收短信安全码，Web 端输入安全码后，更改完成密码重置。

（2）预留手机号不再使用或未预留手机号，可在电脑下载 ConfigTool 工具，将设备重启，计算机单独连接摄像头，用"大华客户服务"公众号扫描密码重置界面的二维码来获取安全码，输入安全码后完成重置密码。

（3）拆卸摄像头主板上的数据保持电池，恢复默认数据后再恢复电池供电即可。

4. 硬盘录像机与摄像头在同一局域网中，前端摄像头不能正确接入 NVR 主机，可采取以下方法。

（1）检查硬盘录像机网口是否正常。

（2）进入"远程设备"项，重新点击"搜索设备"，检查是否还能搜到该设备 IP。

（3）若无法搜到摄像头 IP，但能搜到其他摄像头 IP，则表示该摄像机存在故障。

（4）如果能搜到，添加后，连接状态为红色，预览界面显示找不到网络设备，则原因为 NVR 主机网段和摄像机网段不一致。

（5）修改摄像头 IP 地址后再添加进视频通道，连接状态显示为绿色，说明连接成功。

参考文献

［1］张余．油思数字化监控系统运维体系分析［J］．中国管理信息化，2021（08）：35-107．

［2］马晨升．浅谈数字化油田数据应用［J］．化工管理，2016（05）：33-120．

［3］曹晶．汽车电工电路［M］．北京：化学工业出版社，2020．

［4］鲁郁．北斗/GPS双模软件接收机原理与实现技术［M］．北京：电子工业出版社，2016．

［5］范录宏，皮亦鸣，李晋．北斗卫星导航原理与系统［M］．北京：电子工业出版社，2020．